高等学校"十三五"规划教材

U0304190

大学基础化学实验

DAXUE JICHU HUAXUE SHIYAN

张莲姬　申凤善　主编

第二版

化学工业出版社

· 北京·

《大学基础化学实验》（第二版）共由 8 章组成，包括化学实验基础知识，化学实验基本操作技术，物质的物理量及化学常数的测定，物质的制备、提纯与提取，物质性质，定量分析，综合实验及设计实验等，内容编排由基础、技能至综合、设计，循序渐进，全面提高。

《大学基础化学实验》（第二版）可作为高等院校农学类、医学类、药学类、护理学类等专业和化学专业的教材，也可供其他化学相关专业参考。

图书在版编目（CIP）数据

大学基础化学实验/张莲姬，申凤善主编 . —2 版 . —北京：化学工业出版社，2019.8（2023.1 重印）
高等学校"十三五"规划教材
ISBN 978-7-122-34463-2

Ⅰ.①大…　Ⅱ.①张…②申…　Ⅲ.①化学实验-高等学校-教材
Ⅳ.①O6-3

中国版本图书馆 CIP 数据核字（2019）第 086902 号

责任编辑：宋林青　　　　　　　　　　文字编辑：刘志茹
责任校对：张雨彤　　　　　　　　　　装帧设计：刘丽华

出版发行：化学工业出版社（北京市东城区青年湖南街 13 号　邮政编码 100011）
印　　装：三河市双峰印刷装订有限公司
787mm×1092mm　1/16　印张 10¾　彩插 1　字数 261 千字　　2023 年 2 月北京第 2 版第 5 次印刷

购书咨询：010-64518888　　　　　　售后服务：010-64518899
网　　址：http://www.cip.com.cn

凡购买本书，如有缺损质量问题，本社销售中心负责调换。

定　　价：29.80 元

《大学基础化学实验》（第二版）编写人员

主　编：张莲姬　申凤善

副主编：鲁京兰　全红梅　金明实

编　者（以姓氏笔画为序）：

王大力　王丽霞　申凤善　全红梅

权　波　张莲姬　金明实　鲁京兰

前言

为了全面落实立德树人的根本任务，进一步深化本科教育教学改革，提升人才培养质量，2019 年延边大学修订了新一轮培养方案，在这种形式下为了进一步发挥实验课程在培养学生的科学素养、基本实验技能、分析问题和解决问题的能力、创新精神和创新能力等方面的作用，组织修订了《大学基础化学实验》。本书可作为高等院校化学专业和农学类、医学类、药学类、护理学类等专业的化学实验课程教材。

全书共由 8 章组成，包括化学实验基础知识，化学实验基本操作技术，物质的物理量及化学常数的测定，物质的制备、提纯与提取，物质性质，定量分析，综合实验及设计实验等，内容编排由基础、技能至综合、设计，循序渐进，全面提高。本教材的编写具有以下特色。

1. 强化化学实验室安全意识和环保意识

目前，高校化学实验室的安全问题和环保问题越发受到重视。本教材第 1 章专门介绍实验室规则、实验室安全知识与意外事故处理、化学试剂知识和三废处理、实验室污染及其防治，方便学生集中学习相关知识，提高化学实验室安全意识和环保意识。

2. 强化实验基本技能训练，注重培养学生的动手能力

第 2 章化学实验基本操作技术中每个内容都提供相应的具体实验内容，训练学生的化学实验基本技能，培养动手能力。选出"滴定"、"容量瓶"、"移液管"、"萃取"、"抽滤"、"蒸馏"六个实验操作技术，录制相关视频，通过扫描二维码实现在线视频播放，满足学生线上线下的学习需要。

3. 突出实验内容的趣味性和实用性，激发学生的学习兴趣

安排"药用氯化钠的制备"、"阿司匹林的制备"、"从茶叶中提取咖啡因"、"天然手工皂的制作"、"新鲜蔬菜中 β-胡萝卜素含量的测定"、"丹皮酚的提取、分离及鉴定"等实验内容，既有趣味性，又与日常生活贴近，使学生感知化学实验的实用性及与生活的联系，激发学生的学习兴趣。

4. 提高学生的综合能力

第 7 章和第 8 章编写了综合实验和设计性实验，使学生在熟练掌握基本实验操作技术、基本技能和基本知识的基础上，提高分析问题和解决问题的能力及创新能力。

参加本书编写工作的有：张莲姬、申凤善、鲁京兰、全红梅、金明实、王大力、权波、王丽霞。本书在编写和出版过程中得到了延边大学教务处、教材科、化学国家级实验教学示范中心等有关部门的支持，在此一并表示衷心的感谢。

由于编者水平有限，书中难免存在疏漏和欠妥之处，敬请同行专家及读者批评指正。

编者

2019 年 1 月

第一版前言

《大学基础化学实验》是为适应教育部颁发的关于实施高等学校本科教学质量与教学改革工程意见中特别提到的大力加强实验、实践教学改革,推进高校实验教学内容、方法、手段及实验教学模式的改革与创新的精神编写的教材。

本教材作为综合性大学非化学专业学生的化学实验教材,内容涵盖了农学类、医学类、食品科学、环境科学等专业化学基础实验教学所需的内容,涉及无机化学实验、有机化学实验、分析化学实验及仪器分析实验和综合设计性实验,避免了学科间的重复和脱节,有助于在较短的时间内使学生系统地掌握一套完整的化学实验操作技能,并初步掌握科研的基本思路。

教材在内容和结构安排上,从化学实验基础知识入手,由化学实验基本操作、物理量及化学常数测定、物质的制备及分离和提纯、物质性质、定量分析、综合实验及设计实验、附录等8个部分组成,内容由基础、技能至综合、设计,由浅入深,既考虑化学实验自身的系统性、科学性和独立性,又考虑与相关化学理论课程及其他专业课程的衔接与联系。

编者在编写过程中,力求使本教材具有以下特色。

(1) 将无机化学、分析化学和有机化学三门学科的实验内容进行了整合,力求建立大学化学实验课程新体系。

(2) 教材内容和结构安排合理,充分考虑我国农、医、环境、食品等各专业的培养目标,既有本课程自身的独立性、系统性和科学性,又照顾到与各有关化学课程及其他专业课程的联系与衔接。

(3) 教材中的综合实验和自行设计实验不仅有利于学生全面了解和掌握本课程教学内容,而且有利于培养学生分析、解决问题的能力和创新能力。

(4) 教材中适当编排了一些微量及半微量实验内容。 这不仅是实验化学发展的一个趋势,同时还有助于提高学生的环保意识。

本书由申凤善、张莲姬、鲁京兰、严华玉、田熙哲、郑兴、张春波参加编写,由申凤善、张莲姬担任主编。 本书在编写和出版过程中得到了学校教务处、教材科等有关部门的大力支持,在此表示衷心感谢。

由于编者水平有限,疏漏与欠妥之处在所难免,敬请同行专家及读者批评指正。

编者
2015 年 7 月

目录

第1章　化学实验基础知识

1.1　实验室规则

① 为了保证实验的顺利进行，实验课前应认真预习，明确实验的目的和要求，了解实验的基本原理、方法、步骤及注意事项并写好预习报告。

② 进入实验室后，首先检查所用仪器是否齐全，有无破损，如发现有缺少或破损，应立即向指导教师声明，并按规定补齐、更换。如在实验过程中损坏了仪器，也应及时向指导教师报告，填写仪器破损报告单，经指导教师签字后，交由实验室工作人员处理。

③ 遵守纪律，不迟到、早退、无故旷课，实验过程中保持安静，不得大声喧哗、四处走动，更不准擅自离开实验室。

④ 实验时应严格遵守操作规程，在教师的指导下进行实验，不得擅自改变实验内容和操作过程，以保证实验安全。实验过程中应独立操作，认真观察，如实做好实验记录。

⑤ 保持实验室和台面的整洁，火柴梗、废纸屑等应投入废物篓内，废液应倒入指定的废液缸内，不得投入水槽，以免引起下水道堵塞或腐蚀。有毒废液由实验室工作人员统一处理。

⑥ 爱护仪器和设备，节约用水用电。药品应按规定的量取用，已取出的试剂不能再放回原试剂瓶中。精密仪器应严格按照操作规程操作，并及时填写使用记录册。不得任意拆装仪器，发现仪器有故障，应立即停止使用并向指导教师报告。公用仪器、试剂等用毕应立即放回原处，不得随意乱拿乱放。试剂瓶中试剂不足时，应报告指导教师，及时补充。

⑦ 实验完毕后，将所用仪器洗净，仪器试剂摆放整齐，整理好桌面。值日生负责做好整个实验室的清洁工作，并关好水、电开关及门窗等，经指导教师同意后方可离开实验室。实验室内一切物品不得私自带出实验室。

⑧ 实验后，根据原始记录，按要求格式写出实验报告，交给指导教师批阅。

1.2　实验室安全知识与意外事故处理

1.2.1　实验室安全知识

① 实验者进入实验室，首先要了解、熟悉实验室电闸、煤气开关、水开关及安全用具，如灭火器、砂箱、石棉布等的放置地点及使用方法。不得随意移动安全用具的位置。

② 实验开始前，应仔细检查仪器有无破损，装置是否正确、稳妥。实验进行时，不得擅自离开岗位。

③ 实验室电器设备的功率不得超过电源负载能力。电器设备使用前应检查是否漏电，

常用仪器外壳应接地。不能用湿手开启电闸和电器开关。水、电、煤气、酒精灯等,使用完应立即关闭。点燃的火柴用后立即熄灭,不得乱扔。

④ 禁止随意混合各种化学药品,以免发生意外事故。

⑤ 绝不可加热密闭系统实验装置,否则体系压力增加,会导致爆炸。

⑥ 使用剧毒药品如氰化物、三氧化二砷、氯化汞等时,应格外小心!有毒药品不得误入口内或接触伤口。用剩的有毒药品还给教师,有毒废液不得倒入水槽或废液缸中,应由实验室工作人员集中统一处理。实验室所有药品不得带出实验室。

⑦ 加热试管中的液体时,切记不可使试管口对着自己或别人,也不要俯视正在加热的容器,以防容器内液体溅出伤人。

⑧ 使用浓酸、浓碱、铬酸洗液、溴等具有强腐蚀性的试剂时,切勿溅在皮肤或衣服上,尤其要注意保护眼睛,必要时应佩戴防护眼镜。进行危险性实验时,应使用防护眼镜、面罩、手套等防护用具。

⑨ 嗅闻气体时,不能直接俯向容器去嗅气体的气味,应用手轻拂离开容器的气流,把少量气体扇向自己后再嗅。能产生有刺激性、腐蚀性或有毒气体的实验应在通风橱内进行。

⑩ 使用酒精灯时,酒精应不超过酒精灯容量的 2/3,不少于酒精灯容量的 1/3,随用随点燃,不用时盖上灯帽,不可用点燃的酒精灯去点燃别的酒精灯,以免酒精流出而失火。

⑪ 稀释浓硫酸时,应将浓硫酸慢慢注入水中,并不断搅动,切勿将水直接加入浓硫酸中,以避免迸溅,造成灼伤。

⑫ 易燃有机溶剂如乙醚、乙醇、丙酮、苯等使用时必须远离明火,用后要立即塞紧瓶塞,放置于阴凉处。钾、钠、白磷等暴露在空气中易燃烧,存放时应隔绝空气,钾、钠可保存在煤油中,白磷可保存在水中,使用时必须遵守它们的使用规则,如取用时应使用镊子。

⑬ 某些强氧化剂如氯酸钾、硝酸钾、高锰酸钾等或其混合物不能研磨,否则将引起爆炸。

⑭ 金属汞易挥发,会通过呼吸道进入人体,逐渐积累引起慢性中毒。取用汞时,应该在盛水的搪瓷盘上操作。做金属汞的实验应特别小心,不得把汞洒落在桌面或地上。一旦洒落或带汞仪器被损坏,汞液溢出时,应立即报告指导教师,尽可能收集起来,并用硫黄粉盖在洒落的地方,使汞转变成不挥发的硫化汞。

⑮ 严禁在实验室内饮食、吸烟,一切化学药品禁止入口。实验完毕,应洗净双手。

1.2.2 实验室意外事故处理

① 割伤是实验室中经常发生的事故,常在拉制玻璃管或安装仪器时发生。当割伤时,首先将伤口内异物取出,用水洗净伤口,涂上碘酒或红汞药水,用纱布包扎,不要使伤口接触化学药品,以免引起伤口恶化,必要时送医院救治。

② 浓酸烧伤:立即用大量水冲洗,然后用饱和碳酸氢钠溶液或稀氨水清洗,涂烫伤膏。

③ 浓碱烧伤:立即用大量水冲洗,再以 1%～2% 硼酸或醋酸溶液清洗,最后再用水洗,涂敷氧化锌软膏(或硼酸软膏)。

④ 溴烧伤:溴引起的灼伤特别严重,应立即用大量水冲洗,然后用酒精擦洗至无溴液,再涂上甘油。

⑤ 被火、高温物体、开水烫伤后,可先用稀高锰酸钾溶液或苦味酸溶液揩洗灼伤处,再在烫伤处涂上烫伤膏,切勿用水冲洗。

⑥ 酸溅入眼内，应立即用大量水冲洗，再用2％四硼酸钠溶液冲洗眼睛，然后用水冲洗。

⑦ 碱溅入眼内，应立即用大量水冲洗，再用3％硼酸溶液冲洗眼睛，然后用水冲洗。

⑧ 在吸入刺激性或有毒气体如溴蒸气、氯气、氯化氢时，可吸入少量酒精和乙醚的混合蒸气解毒。因不慎吸入煤气、硫化氢气体时，应立即到室外呼吸新鲜空气。

⑨ 遇毒物误入口内时，立即取一杯含5～10mL稀硫酸铜溶液的温水，内服后再用手指伸入咽喉部，促使呕吐，然后立即送医院治疗。

⑩ 不慎触电时，立即切断电源，必要时进行人工呼吸。

⑪ 当实验室不慎起火时，一定不要惊慌失措，而应根据不同的着火情况，采取不同的灭火措施。小火可用湿布或石棉布盖熄，如着火面积大，可用泡沫式灭火器和二氧化碳灭火器。对活泼金属钠、钾、镁、铝等引起的着火，应用干燥的细沙覆盖灭火。有机溶剂着火，切勿用水灭火，而应用二氧化碳灭火器、沙子和干粉等灭火。在加热时着火，立即停止加热，关闭煤气总阀，切断电源，把一切易燃易爆物移至远处。电器设备着火，应先切断电源，再用四氯化碳灭火器或二氧化碳灭火器灭火，不能用泡沫灭火器，以免触电。当衣服上着火时，切勿慌张跑动，以免引起火焰扩大，应立即在地面上打滚将火闷熄，或迅速脱下衣服将火扑灭。必要时报火警。

1.3 实验室常用仪器简介

1.3.1 化学实验常用仪器简介

化学实验常用仪器见表1-1。

表 1-1 化学实验常用仪器

仪器	规格	用途	注意事项
普通试管、离心试管	分硬质试管、软质试管；普通试管以管口外径(mm)×管长(mm)表示，离心试管以容积(mL)表示	普通试管用作少量试剂的反应容器，便于操作和观察，离心试管主要用于沉淀分离	普通试管可以直接加热，硬质试管可加热至高温，加热时要在热源上不断地移动，使其受热均匀，加热后不能骤冷；离心试管不能直接加热，可用水浴加热
试管架	有木质、铝质和塑料等	放试管	加热后的试管应用试管夹夹好悬放在试管架上
试管夹	由木、竹或钢丝等制成	夹持试管	防止烧损和锈蚀
毛刷	以大小和用途表示，如试管刷、滴定管刷等	洗刷玻璃仪器	防止刷顶的铁丝撞破玻璃仪器

仪器	规格	用途	注意事项
烧杯	以容积（mL）表示，如 1000、500、200、100、50 等	常温或加热条件下，用作反应药品量较大的反应容器，反应物易混合均匀，也可用来配制溶液	加热时放在石棉网上，使其受热均匀，可以加热至高温
锥形瓶	以容积（mL）表示，如 500、250、150、100 等	反应容器，振荡方便，适用于滴定操作	盛液体不能太多，加热时应放置在石棉网上
烧瓶	有圆底、平底之分，以容积（mL）表示，如 1000、500、250、100 等	反应物较多又需较长加热时间时，用作反应容器	加热时注意勿使温度变化过于剧烈；一般放在石棉网上或电热套内加热
凯氏烧瓶	以容积（mL）表示，如 500、250、100、50 等	消解有机物质	放置石棉网上加热，瓶口处一般放置小漏斗，便于回流
洗瓶	分塑料洗瓶和玻璃两种，目前实验室多用塑料洗瓶；以容积（mL）表示	用蒸馏水洗涤沉淀或容器	不能加热
滴瓶	有无色、棕色之分，以容积（mL）表示，如 125、60、30 等	用于盛少量液体试剂或溶液	见光易分解或不太稳定的试剂用棕色滴瓶盛装，碱性试剂要用带橡皮塞的滴瓶，但不能长期存放浓碱液
广口瓶、细口瓶	有玻璃和塑料，无色或棕色，磨口或不磨口之分，以容积（mL）表示，如 1000、500、250 等	细口瓶用于盛装液体试剂，广口瓶用于盛装固体药品	不能直接加热；瓶塞不能互换，盛放碱液时要用橡皮塞

仪器	规格	用途	注意事项
容量瓶	以刻度以下容积（mL）表示，如 1000、500、250、200、100、50、25 等	用于准确配制一定体积的溶液	不能加热；不能用毛刷刷洗；瓶塞配套使用，不能互换，不能在其中溶解固体
碘量瓶	以容积（mL）表示，如 250、100 等	碘量法或其他生成易挥发性物质的定量分析	加热时放在石棉网上，一般不直接加热，直接加热时外部要擦干，不要有水珠，以防炸裂；瓶塞与瓶配套使用
称量瓶	分扁形和高形；以外径（mm）×高（mm）表示，如扁形 50×30、高形 25×40	需要准确称取一定量的固体样品时用	不能直接加热；瓶塞与瓶配套使用，不能互换
量筒和量杯	以刻度所能度量的最大容积（mL）表示，如 1000、500、250、100、50、25、10、5 等	量取一定体积的液体	不能加热；不能量热的液体；不能用作反应容器
吸量管和移液管	以刻度所能度量的最大容积（mL）表示，如 50、25、20、10、5、2、1 等	用于精确量取一定体积的液体	不能加热，用后应洗净，置于吸管架上，以免沾污；为减少测量误差，吸量管每次都应从最上面刻度起往下放出所需体积

仪器	规格	用途	注意事项
布氏漏斗和吸滤瓶	布氏漏斗为瓷质,以容积(mL)或口径(mm)表示;吸滤瓶为玻璃制品,以容积(mL)表示	二者配套使用,用于分离沉淀与溶液;利用循环水泵或真空泵进行减压过滤	不能用火直接加热;滤纸要略小于漏斗内径才能贴紧,先开水泵,后过滤,过滤毕,先将泵与吸滤瓶的连接处断开,再关泵
研钵	用瓷、玻璃、玛瑙、铁制成,以口径(mm)表示	用于研磨固体物质	不能用火直接加热,按固体物质的性质和硬度选用不同的研钵,研磨时不能捣,只能碾压
药匙	由牛角、塑料或不锈钢制成,有长短各种规格	取固体药品	视所取药量的多少确定所选用药匙的大小,不能用于取用灼热的药品,用后应洗净擦干备用
水浴锅	铜或铝制品	用于间接加热,也可用于粗略控温实验	加热时防止锅内的水烧干,用完后应洗净擦干备用
滴管	由尖嘴玻璃管与橡皮乳头构成	吸取或滴加少量(数滴)试剂,吸取沉淀的上层清液,以分离沉淀	滴加试剂时保持垂直,避免倾斜,尤其不能倒立,除吸取溶液外,管尖不能接触其他器物,以免杂质沾污
点滴板	瓷质,分白色、黑色;十二凹穴、九凹穴、六凹穴等	用于点滴反应,尤其是显色反应	白色沉淀用黑色板,有色沉淀和溶液用白色板
三脚架	铁制品,有大小、高低之分	放置较大或较重的加热容器,作仪器的支撑物	放置加热容器之前,先放石棉网,加热时灯焰应合适

仪器	规格	用途	注意事项
滴定管	滴定管分酸式和碱式,管身颜色为无色或棕色,以容积(mL)表示,如 100、50、25、10 等	用于滴定或精确放出一定体积的溶液时用,滴定管架用于夹持滴定管	不能加热或量取热的液体,酸式滴定管用于盛装酸性溶液和氧化性溶液,碱式滴定管用于盛装碱性溶液或还原性溶液,见光易分解的滴定液要用棕色滴定管,活塞要原配,以防漏液
蒸发皿	有瓷、铂、石英等制品,分有柄和无柄,以容积(mL)表示,如 125、100、35 等	蒸发液体用,还可作为反应器	耐高温,可直接加热,高温时不能骤冷,随液体性质不同选用不同质地的蒸发皿
表面皿	以口径(mm)表示,如 150、125、100、90、75、65、45 等	盖在烧杯上防止液体溅进或作其他用途	不能用火直接加热,直径要略大于所盖容器
坩埚	材质有瓷、石英、铁、镍、铂等,以容积(mL)表示,如 100、50、30、20、15、10 等	用于灼烧固体或处理样品	根据样品性质,选用不同材质的坩埚,放在泥三角上直接用火烧,灼热的坩埚不能骤冷
漏斗	分长径、短径;以口径(mm)表示,如 60、40、30 等	用于过滤操作	不能用火加热
分液漏斗	以容积(mL)和漏斗的形状(球形、梨形)表示,如 500、250、100、50 等	萃取时用于分离两种不相溶的溶液	活塞要用橡皮筋系于漏斗颈上,避免滑出;不能加热;塞子与漏斗配套使用,不能互换
热水漏斗	由普通玻璃漏斗和金属外套组成;以口径(mm)表示,如 60、40、30 等	用于热过滤	加水不超过其容积的 2/3
玻璃钉漏斗	由普通玻璃漏斗和一枚玻璃钉组成,以口径(mm)表示	用于少量化合物的过滤	

仪器	规格	用途	注意事项
漏斗架	木制,有螺丝可固定于支架上,可移动位置,调节高度	过滤时支撑漏斗	固定漏斗板时,不要把它放倒
干燥器	有普通干燥器和真空干燥器;以外径(mm)表示,如300、240、210、160 等	内放干燥剂,用作样品的干燥和保存	防止盖子滑动打碎,热的物品待稍冷后才能放入;盖的磨口处涂适量的凡士林;干燥剂要及时更换
铁架台	铁制品,固定夹有铝制品	用于固定或放置反应容器,铁环还可以代替漏斗架	使用时仪器的重心应处于铁架台底盘中部
坩埚钳	金属制品	夹取灼热的坩埚或坩埚盖	不要与化学药品接触,防止生锈;放置时,钳尖应向上
熔点测定管	以口径(mm)表示	用于测定固体化合物的熔点	所装溶液液面应高于上支管处
泥三角	由铁丝弯成,套以瓷管,有大小之分	灼烧坩埚时,放置坩埚	灼烧的泥三角不能滴上冷水,以免瓷管破裂
石棉网	由铁丝编成,中间涂有石棉,有大小之分	加热时垫在受热仪器与热源之间,能使受热物体均匀受热	不能与水接触;石棉脱落的不能使用

1.3.2 标准磨口玻璃仪器介绍

化学实验中，常用到由硬质玻璃制成的标准磨口玻璃仪器。标准磨口仪器有标准内磨口和标准外磨口两种，相同编号的标准内、外磨口可以互相严密连接。标准磨口是根据国际通用技术标准制造的，国内已经普遍生产和使用。现在常用的是锥形标准磨口，磨口部分的锥度为 1:10，即轴向长度 $H = 10\text{mm}$ 时，锥体大端的直径与小端直径之差 $D - d = 1\text{mm}$（见图 1-1）。

由于玻璃仪器容量及用途不同，标准磨口的大小也不同。通常以整数数字表示磨口的系列编号，如常用的标准磨口有 10、14、16、19、24、29、34 等多种。这里的数字编号是指锥体最大端直径（单位：mm）的最接近的整数。有时也用 D/H 两个数字表示磨口的规格，如 10/30，即大端直径为 10mm，锥体长度为 30mm。常用标准磨口玻璃仪器见图 1-2。

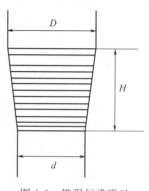

图 1-1 锥形标准磨口

标准磨口玻璃仪器不需要木塞或橡皮塞，直接可以与相同号码的接口相互紧密连接，连接简便，又能避免反应物或产物被塞子沾污的危险。此外，磨口仪器的蒸气通道较大，不像塞子连接的玻璃管那样狭窄，所以比较流畅。使用标准磨口玻璃仪器的注意事项如下。

① 组装仪器之前，磨口接头部分应用洗涤剂清洗干净，再用纸巾或布擦干，以防止磨口对接不紧密，导致漏气。洗涤时，应避免使用去污粉等固体摩擦粉，以免损坏磨口。

② 组装仪器时，应将各部分分别夹持好，排列整齐，角度及高度调整适当后，再进行组装，以免磨口连接处受力不均衡而折断。

③ 仪器使用后，应尽快清洗并分开放置。否则，容易造成磨口接头的黏结，难以拆开。对于带活塞、塞子的磨口仪器，活塞、塞子不能随意调换，应垫上纸片配套存放。

④ 常压下使用磨口仪器，一般不涂润滑剂，以免沾污反应物或产物。但是，当反应中有强碱存在时，则应在磨口处涂抹润滑剂，以防止磨口连接处受碱腐蚀而黏结。

⑤ 如遇玻璃磨口接头黏结难以拆开时，可用木棒或在实验桌边缘轻轻敲击接头处，使其松开。

1.3.3 微型化学实验仪器介绍

微型化学实验是 20 世纪 80 年代崛起的一种实验方法，具有污染小、节约试剂、节省经费等优点，并且微型实验仪器体积小，存放、携带方便。因此，实验微型化是实验改革的一个必然趋势。

微型化学实验仪器有的是常规仪器的微型化，形状与常规仪器完全相同，如圆底烧瓶、直形冷凝管、空气冷凝管、锥形瓶等；有的与常规仪器有一定差别，如微型蒸馏头、微型分馏头、真空直形冷凝管等。这些仪器可根据需要组装成蒸馏、回流、分馏、升华等基本操作的成套仪器。国产微型化学实验仪器见图 1-3。

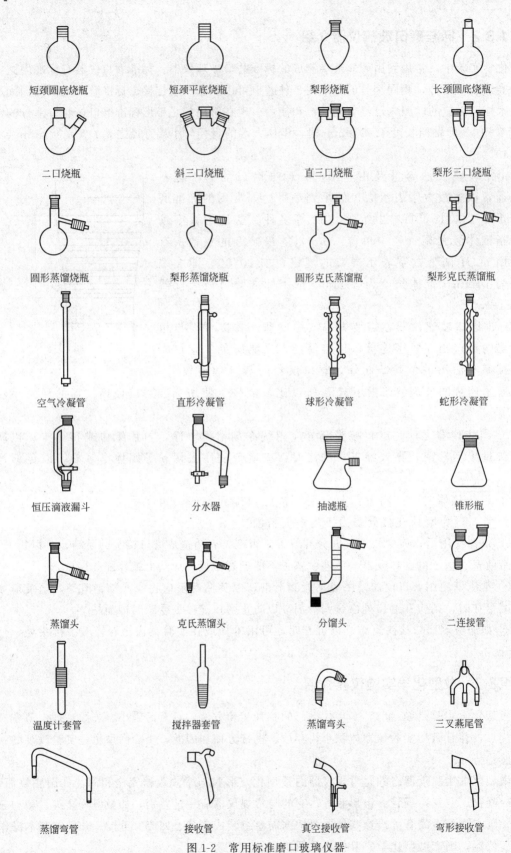

短颈圆底烧瓶　　短颈平底烧瓶　　梨形烧瓶　　长颈圆底烧瓶

二口烧瓶　　斜三口烧瓶　　直三口烧瓶　　梨形三口烧瓶

圆形蒸馏烧瓶　　梨形蒸馏烧瓶　　圆形克氏蒸馏瓶　　梨形克氏蒸馏瓶

空气冷凝管　　直形冷凝管　　球形冷凝管　　蛇形冷凝管

恒压滴液漏斗　　分水器　　抽滤瓶　　锥形瓶

蒸馏头　　克氏蒸馏头　　分馏头　　二连接管

温度计套管　　搅拌器套管　　蒸馏弯头　　三叉燕尾管

蒸馏弯管　　接收管　　真空接收管　　弯形接收管

图 1-2　常用标准磨口玻璃仪器

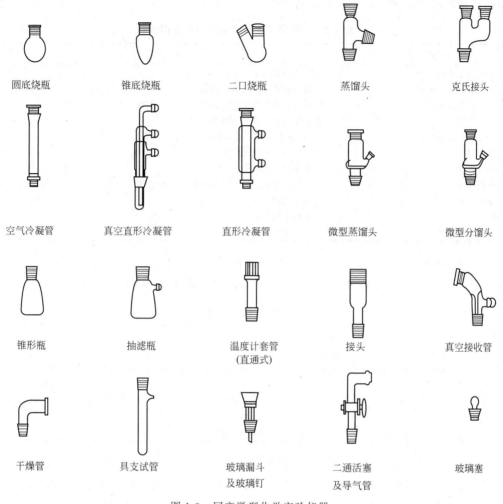

图 1-3　国产微型化学实验仪器

1.4　化学试剂知识和三废处理

1.4.1　化学试剂的有关知识

化学试剂的种类很多，世界各国对化学试剂的分类和分级的标准不尽一致，各国都有自己的国家标准及其他标准（行业标准、学会标准等）。我国化学试剂产品有国家标准（GB）、化工部标准（HG）及企业标准（QB）三级。

（1）化学试剂的分类

化学试剂产品已有数千种，有分析试剂、仪器分析专用试剂、指示剂、有机合成试剂、生化试剂、电子工业或食品工业专用试剂、医用试剂等。随着科学技术和生产的发展，新的试剂种类还将不断产生，到目前为止，还没有统一的分类标准。通常将化学试剂分为标准试剂、一般试剂、高纯试剂、专用试剂四大类。

① 标准试剂　标准试剂是用于衡量其他（欲测）物质化学量的标准物质。标准试剂的特点是主体含量高而且准确可靠，其产品一般由大型试剂厂生产，并严格按国家标准检验。

主要国产标准试剂的种类及用途列于表 1-2。

表 1-2　主要国产标准试剂的种类及用途

类　别	主　要　用　途
滴定分析第一基准试剂	工作基准试剂的定值
滴定分析工作基准试剂	滴定分析标准溶液的定值
杂质分析标准溶液	仪器及化学分析中作为微量杂质分析的标准
滴定分析标准溶液	滴定分析法测定物质的含量
一级 pH 基准试剂	pH 基准试剂的定值和高精度 pH 计的校准
pH 基准试剂	pH 计的校准(定位)
热值分析试剂	热值分析仪的标定
色谱分析标准	气相色谱法进行定性和定量分析的标准
临床分析标准溶液	临床化验
农药分析标准	农药分析
有机元素分析标准	有机物元素分析

②　一般试剂　一般试剂是实验室最普遍使用的试剂，根据国家标准（GB），一般化学试剂分为四个等级及生化试剂，其规格及适用范围等见表 1-3。指示剂也属于一般试剂。

表 1-3　一般试剂的规格及适用范围

级别	中文名称	英文符号	标签颜色	适用范围
一级	优级纯(保证试剂)	G. R.	绿色	精密的分析及科学研究工作
二级	分析纯(分析试剂)	A. R.	红色	一般的科学研究及定量分析工作
三级	化学纯	C. R.	蓝色	一般定性分析及无机化学、有机化学实验
四级	实验试剂	L. R.	棕色或其他颜色	要求不高的普通实验
生化试剂	生化试剂	B. R.	咖啡色	生物化学及医用化学实验
	生物染色剂		(染色剂:玫瑰色)	

按规定，试剂瓶的标签上应标示试剂名称、化学式、摩尔质量、级别、技术规格、产品标准号、生产许可证号、生产批号、厂名等，危险品和有毒药品还应给出相应的标志。

③　高纯试剂　高纯试剂的特点是杂质含量低（比优级纯基准试剂低），主体含量一般与优级纯试剂相当，而且规定检测的杂质项目比同种优级纯或基准试剂多 1～2 倍，在标签上标有"特优"或"超优"试剂字样。高纯试剂主要用于微量分析中试样的分解及试液的制备。

④　专用试剂　专用试剂是指有特殊用途的试剂。如仪器分析中色谱分析标准试剂、气相色谱载体及固定液、液相色谱填料、薄层色谱试剂、紫外及红外光谱纯试剂、核磁共振分析用试剂等。专用试剂与高纯试剂相似之处是不仅主体含量较高，而且杂质含量很低。它与高纯试剂的区别是，在特定的用途中（如发射光谱分析），有干扰的杂质成分只需控制在不致产生明显干扰的限度内。

（2）化学试剂的选用

各种级别的试剂因纯度不同，价格相差很大，不同级别的试剂有的价格可相差数十倍。因此在选用化学试剂时，应根据所做实验的具体要求，如分析方法的灵敏度和选择性、分析对象的含量及对分析结果准确度的要求，合理地选用适当级别的试剂。在满足实验要求的前提下，应本着节约的原则，尽量选用低价位试剂。

（3）化学试剂的存放

在实验室中化学试剂的存放是一项十分重要的工作。一般化学试剂应贮存在通风良好、干净、干燥的库房内，要远离火源，并注意防止污染。实验室中盛放的原包装试剂或分装试剂，都应贴有商标或标签，盛装试剂的试剂瓶也都必须贴上标签，并写明试剂的名称、纯度、浓度、配制日期等，标签外应涂蜡或用透明胶带等保护，以防标签受腐蚀而脱落或破坏。同时，还应根据试剂的性质采用不同的存放方法。

① 固体试剂一般应装在易于取用的广口瓶内；液体试剂或配制成的溶液则盛放在细口瓶中；一些用量小而使用频繁的试剂，如指示剂、定性分析试剂等可盛装在滴瓶中。

② 遇光、热、空气易分解或变质的药品或试剂，如硝酸、硝酸银、碘化钾、硫代硫酸钠、过氧化氢、高锰酸钾、亚铁盐和亚硝酸盐等，都应盛放在棕色瓶中，避光保存。

③ 容易侵蚀玻璃而影响试剂纯度的，如氢氟酸、含氟盐、氢氧化钠等应保存在塑料瓶中。

④ 碱性物质如氢氧化钾、氢氧化钠、碳酸钠、碳酸钾和氢氧化钡等溶液，盛放的瓶子要用橡皮塞，不能用玻璃磨口塞，以防瓶口被碱溶解。

⑤ 吸水性强的试剂如无水硫酸钠、氢氧化钠等应严格用蜡密封。

⑥ 易燃液体保存时应单独存放，注意阴凉避风，特别要注意远离火源。易燃液体主要是有机溶剂，实验室常见的一级易燃液体有丙酮、乙醚、汽油、环氧丙烷、环氧乙烷；二级易燃液体有甲醇、乙醇、吡啶、甲苯、二甲苯等；三级易燃液体有柴油、煤油、松节油。

⑦ 易燃固体有机物如硝化纤维、樟脑等，无机物如硫黄、红磷、镁粉和铝粉等，着火点都很低，遇火后易燃烧，要单独贮藏在通风干燥处。

⑧ 白磷为自燃品，放置在空气中，不经明火就能自行燃烧，应贮藏在水里，加盖存放于避光阴凉处。

⑨ 金属钾、钠、电石和锌粉等为遇水燃烧的物品，与水剧烈反应并放出可燃性气体，贮存时应与水隔离，如金属钾和钠，应贮藏在煤油里。贮存这类易燃品（包括白磷）时，最好把带塞容器的2/3埋在盛有干沙的瓦罐中，瓦罐加盖贮于地窖中。要经常检查，随时添加贮存用的液体。

⑩ 易爆炸物如三硝基甲苯、硝化纤维和苦味酸等应单独存放，不能与其他类试剂一起贮藏。

⑪ 具有强氧化能力的含氧酸盐或过氧化物，当受热、撞击或混入还原性物质时，就可能引起爆炸。贮存这类物质，绝不能与还原性物质或可燃物放在一起，贮藏处应阴凉通风。强氧化剂分为三个等级：一级强氧化剂与有机物或水作用易引起爆炸，如氯酸钾、过氧化钠、高氯酸；二级强氧化剂遇热或日晒后能产生氧气，支持燃烧或引起爆炸，如高锰酸钾、双氧水；三级强氧化剂遇高温或与酸作用时，能产生氧气，支持燃烧和引起爆炸，如重铬酸钾、硝酸铅。

⑫ 强腐蚀性药品如浓酸、浓碱、液溴、苯酚和甲酸等，应盛放在带塞的玻璃瓶中，瓶塞密闭。浓酸与浓碱不要放在高位架上，防止碰翻造成灼伤。如量大时，一般应放在靠墙的地面上。

⑬ 剧毒试剂如氰化物、三氧化二砷或其他砷化物、升汞及其他汞盐等，应由专人负责保管，取用时严格做好记录，每次使用以后要登记验收。钡盐、铅盐、锑盐也是毒品，要妥善贮藏。

（4）化学试剂的取用

取用试剂时，应先看清试剂的名称和规格是否符合，以免用错试剂。试剂瓶盖打开后，瓶盖应翻过来放在干净的地方,以免盖上时带入脏物,取出试剂后应及时盖上瓶盖,然后将试剂瓶的瓶签朝外放至原处。取用试剂要注意节约,用多少取多少,多取的试剂不应放回原试剂瓶内,以免沾污整瓶试剂,有回收价值的应放入回收瓶中。

① 固体试剂的取用 固体试剂的取用一般使用药匙。药匙的两端为一大一小,取大量固体时用大端,取少量固体时用小端。使用的药匙必须干净,专匙专用,药匙用后应立即洗净。

要称取一定量固体试剂时,可将固体试剂放在干净的纸上、表面皿上、称量瓶内或其他干燥、洁净的玻璃容器内,根据要求在不同精度的天平上称量。对腐蚀性或易潮解的固体,不能放在纸上,应放在称量瓶等玻璃容器内称量。

大块试剂从药匙倒入容器时,应将容器倾斜一定角度,使试剂沿容器壁滑下,以免击碎容器;粉状试剂可用药匙直接倒入容器底部;管状容器可借助对折的纸条将粉末送入管底。试剂取用后,要立即盖严瓶塞。

固体颗粒较大时,应在干净的研钵内研碎。

② 液体试剂的取用 打开液体试剂瓶塞后,左手拿住盛接的容器,右手手心朝向标签处握住试剂瓶(以免倾注液体时弄脏标签),倒出所需量的试剂。若盛接的容器是小口容器(如小量筒、滴定管),要小心将容器倾斜,靠近试剂瓶,再缓缓倾入,倒完后,应将试剂瓶口在容器上靠一下,使瓶口的残留试剂沿容器内壁流入容器内,再使试剂瓶竖直,以免液滴沿试剂瓶外壁流下。若盛接的容器是大口,可使用玻璃棒,使棒的下端斜靠在容器壁上,将试剂瓶口靠在玻璃棒上,使注入的液体沿玻璃棒从容器壁流下,以免液体冲下溅出。

取用少量或滴加液体试剂时,通常将液体试剂盛于滴瓶中,再用滴管取用。取用时,先提起滴管,使管口离开试剂液面,用手指挤压滴管上部的橡皮乳头,排出其中的空气,再把滴管伸入滴瓶的液体中,放松橡皮乳头吸入试剂,取出滴管,将接收试剂的容器倾斜,滴管竖直,挤压橡皮乳头,逐滴滴入试剂。严禁将滴管伸入试剂接收容器内或接触容器壁,以免沾污滴管。取用完液体后,应立即将滴管放回原滴瓶,不得将有试剂的滴管平放,更不能倒置,以免污染试剂,腐蚀胶头。

定量量取试剂时,可根据对准确度的要求分别选用量筒、移液管、吸量管等。用量筒量取液体时,应用左手持量筒,以大拇指指示所需体积的刻度处,右手持试剂瓶,瓶口紧靠量筒口的边缘,慢慢注入液体至所指刻度。读取刻度时,让量筒竖直,使视线与量筒内液面的弯月面最低处保持同一水平,偏高偏低都会造成误差。

1.4.2 三废处理

在化学实验中会产生各种有毒的废气、废液和废渣。化学实验室的三废种类繁多,如直接排放到空气或下水道中,会对环境造成极大污染,严重威胁人类的生存环境,损害人们的健康。如 SO_2、NO、Cl_2 等气体对人的呼吸道有强烈的刺激作用,对植物也有伤害作用;As、Pb 和 Hg 等化合物进入人体后,不易分解和排出,长期积累会引起胃痛、皮下出血、肾功能损伤等;氯仿、四氯化碳、多环芳烃等有致癌作用;CrO_3 接触皮肤破损处会引起溃烂不止等。此外,三废中的贵重和有用的成分不能回收,在经济上也是不小损失。因此,必须加大实验室的三废处理力度,对实验过程中产生的三废进行必要的处理。

(1) 常用的废气处理方法

① 溶液吸收法 溶液吸收法即用适当的液体吸收剂处理气体混合物,除去其中有害气

体的方法。常用的液体吸收剂有水、碱性溶液、酸性溶液、氧化剂溶液和有机溶液，它们可用于净化含有 SO_2、NO_x（$x=1，2$）、HF、SiF_4、HCl、Cl_2、NH_3、汞蒸气、酸雾、沥青烟和各种组分有机物蒸气的废气。如卤化氢、二氧化硫等酸性气体，可用碳酸钠、氢氧化钠等碱性水溶液吸收后排放。碱性气体用酸溶液吸收后排放。

② 固体吸收法　固体吸收法是将废气与固体吸收剂接触，废气中的污染物（吸附质）吸附在固体表面，从而被分离出来。此法主要用于净化废气中低浓度的污染物质，常用的吸附剂有活性炭、活性氧化铝、硅胶、分子筛等。

（2）常用的废水处理方法

① 中和法　利用化学反应使酸性废水或碱性废水中和，达到中性的方法称为中和法。中和法应优先考虑"以废治废"的原则，尽量利用废酸和废碱进行中和，或者让酸性废水和碱性废水直接中和。对于酸含量小于 $3\%\sim5\%$ 的酸性废水或碱含量小于 $1\%\sim3\%$ 的碱性废水，常采用中和处理方法。无硫化物的酸性废水，可用浓度相当的碱性废水中和；含重金属离子较多的酸性废水，可通过加入碱性试剂（如 NaOH、Na_2CO_3）进行中和。

② 萃取法　采用与水不互溶，但能良好溶解污染物的萃取剂，使其与废水充分混合，提取污染物，从而达到净化废水的目的。例如含酚废水就可采用二甲苯作萃取剂。

③ 化学沉淀法　于废水中加入某种化学试剂，使之与废水中某些溶解性污染物发生化学反应，生成难溶性物质沉淀下来，然后进行分离，以降低废水中溶解性污染物的浓度。此法适用于除去废水中的重金属离子（如汞、镉、铜、铅、锌、镍、铬等）、碱土金属离子（钙、镁）及某些非金属（砷、氟、硫、硼等）。如氢氧化物沉淀法可用 NaOH 作沉淀剂处理含重金属离子的废水；硫化物沉淀法是用 Na_2S、H_2S、CaS_x 或（NH_4）$_2$S 等作沉淀剂除汞、砷；铬酸盐法是用 $BaCO_3$ 或 $BaCl_2$ 作沉淀剂除去废水中的 CrO_3 等。

④ 氧化还原法　水中溶解的有害无机物或有机物，可通过化学反应将其氧化或还原，转化成无害的新物质或易从水中分离除去的形态。常用的氧化剂主要是漂白粉，用于含氮废水、含硫废水、含酚废水及含氨态氮废水的处理。常用的还原剂有 $FeSO_4$ 或 Na_2SO_3，用于还原六价铬；还有活泼金属如铁屑、铜屑、锌粒等，用于除去废水中的汞。

⑤ 离子交换法　利用离子交换剂对物质选择性交换的能力，去除废水中的杂质和有害物质。

⑥ 吸附法　利用多孔固体吸附剂，废水中的污染物可通过固-液相界面上的物质传递，转移到固体吸附剂上，从废水中分离除去。废水处理常用吸附剂有活性炭、磺化煤、沸石等。

此外，废水处理还有电化学净化法等。

（3）常用的废渣处理方法

废渣主要采用掩埋法。有毒的废渣应深埋在指定地点，如有毒的废渣能溶解于地下水，必须先进行化学处理后深埋在远离居民区的指定地点，以免毒物溶于地下水而混入饮水中。无毒废渣可直接掩埋，掩埋地点应有记录。有回收价值的废渣应该回收利用。

1.5　实验性污染及其防治

人类赖以生存的环境包括大气、水、土地、矿藏、森林、草原、野生动物、野生植物、水生生物、名胜古迹、风景游览区、温泉疗养区、自然保护区、生活居住区等。人类不断地从环境中摄取生存所必需的物质和能量，同时也对环境产生影响。人们在科研、生产和生活过程中产生的一些废弃物随意排入大气、水体或土壤中，便可对自然环境产生一定的污染。如果造成污染的程度不是很深，由于环境本身具有一定的自净能力，受污染的环境经过若干物理的、化学的自然过程或在生物的参与作用下还可以逐步恢复到原来的状态。但环境本身的自净能力是有限度的，当污染物的浓度或总量超过环境的自净能力时，就会降低自然环境原有的功能和作用，破坏生态平衡，使人类赖以生存的环境质量下降，而环境质量的变化又不断地反馈作用于人类，直接或间接地对包括人类在内的其他生物产生影响或危害，甚至威胁到人类的生存。

随着工业生产的迅速发展，人类排放的污染物大量增加，在世界一些地区发生过多起突发性的环境污染事件，这一时期的公害事件主要发生在工业发达国家，是局部性的、小范围的环境污染问题。20 世纪 80 年代以来，环境污染的范围扩大到大面积的生态破坏，甚至是全球性的环境污染，不但包括经济发达国家，也包括众多的发展中国家，当今世界大气、水、土壤等所受到的污染和破坏已经达到相当危险的程度，日益严重的环境污染已引起人们普遍的重视。

导致环境污染或造成生态环境破坏的物质称环境污染物。环境污染物当前最主要的来源有：工业污染物（由工业生产所产生的废水、废气和废渣）；农药（农业生产中使用的杀虫剂、除草剂、植物生长调节剂等）；生活废弃物（粪便、垃圾、生活废水等）；放射性污染物（核工业、医用、农用放射源等）。实验性污物常常混于生活废弃物之中排出，并没有引起人们的重视。然而，随着人们环境保护意识的提高，防治实验性污染也不得不提到议事日程上来。

1.5.1 实验性污染物的种类

实验性污染可分为化学污染和物理污染两大类，而化学污染又可分为无机污染和有机污染；物理污染则可分为放射性污染和噪声污染等。由于实验室排放的化学污染物总量不是很大，一般没有专门的处理设施，而被直接排到生活废弃物中，因此往往出现局部浓度过大、危害较严重的后果。

（1）无机污染物

实验室排出的无机污染物主要是一些毒性较大的金属和无机化合物。

① 有毒金属　有毒金属元素大多为过渡性元素，是具有潜在危害的污染物。它们在不同的环境条件下，可以不同的价态出现，而价态不同，其活性和毒性效应不同。它与其他污染物不同之处是不但不能被微生物等分解，而且还可被生物体不断富集，甚至被转化为毒性更强的金属有机化合物。有毒重金属在环境中可水解为氢氧化物，也可与一些无机酸生成溶度积较小的难溶盐（如硫化物、碳酸盐等），这些难溶盐的生成可暂时性地减少污染，但大量沉积于底泥中，将可能成为长期的次生污染源。主要的有毒金属有铝、铊、铅、铬、镉、汞等。

② 有毒无机化合物　有毒无机化合物的危害主要来自它们的反应活性、腐蚀性或毒性。如一氧化碳与血红蛋白的亲和力比氧和血红蛋白的亲和力大 200～300 倍，侵入人体后，很快与血红蛋白结合成碳氧血红蛋白，阻碍氧与血红蛋白结合成氧合血红蛋白，并且碳氧血红蛋白的解离速率仅为氧合血红蛋白的 1/3600，因此会导致中毒者呼吸变慢，最后衰竭致死。再如氰化钾、氰化钠、氢氰酸等简单氰化物都有剧毒，极小量即可致死。主要有毒无机污染

物有一氧化碳、二氧化碳、氮氧化物、氰化物、二氧化硫等。

（2）有机污染物

① 多环芳烃 环境中的化学物质是诱发癌症的主要因素，其中，多环芳烃是引起人和动物癌症最重要的致癌物之一。截至目前，人们研究过的 2000 多种化合物中，发现有致癌作用的有 500 多种，其中 200 多种系芳烃化合物。如最简单的多环芳烃萘，长期接触萘的人会发生喉癌、胃癌、结肠癌等癌症。在多环芳烃化合物中，除含有很多致癌和致变性成分外，还含有多种促癌物质。多环芳烃是石油、煤炭等化工燃料中所含的各种有机物在不完全燃烧以及还原气氛下经高温处理产生的。因此，在燃烧条件差、排气不充分时，就会造成严重的环境污染。实验室排出的多环芳烃在环境中的含量虽然很少，但它们具有很大的潜在毒性，必须严加控制排放，防止对环境造成污染。

② 表面活性剂 表面活性剂发展到现在，几乎到了无处不在的程度。其用量最大的是纤维、塑料、化妆品、医药、金属加工、农药、洗涤剂、石油和煤炭等工业领域，如洗涤剂全世界年产量超过 130 万吨。洗涤剂的主要成分是烷基磺酸钠，它是一种典型的表面活性剂，能使水产生大量泡沫而污染环境。早期使用的洗涤剂为支链烷基磺酸钠（ABS）型，由于它在环境中存留期长、不易分解等，近年来，大多改用直链烷基磺酸钠（LAS）型。LAS型在好气状态下，易被微生物分解为含 5～6 个碳原子的直链不发泡物质，减小了废水处理的难度。另外，洗涤剂中加入的增净剂——磷酸盐进入水体后，会引起水体富营养化，影响鱼类的生存，破坏生态环境。

③ 农药 农药在防治害虫、杂草，保护生物、家畜以及动植物产品不受虫害，调节植物生长等方面具有极其重要的作用。同时，农药也会破坏生态平衡，污染环境。为了提高动植物产量，解决几十亿人口的吃饭问题，人们又不得不大量合成农药和使用农药。农药的种类很多，大多数可在大气、水体和土壤中被较快分解。只有 DDT、六六六、二烯合成制剂等少数有机农药分解速率非常缓慢，可在环境中长期滞留扩散，最终进入人体产生危害。因此，目前农药的发展方向是发展无公害农药和生物农药。

④ 酚 酚是生产树脂、尼龙、增塑剂、抗氧化剂、添加剂、聚酯、药品、杀虫剂、炸药和染料的重要原料，在世界范围内酚的生产量巨大，目前还有继续增长的势头。一般来讲，酚对无脊椎动物都有毒性，随着取代程度的增加（特别是氯原子数目的增加）其毒性也随之增加。酚的甲基化衍生物不仅致癌而且致畸，大多数硝基酚只致突变而不致癌。

⑤ 卤代烃 卤代烃是实验室常用的试剂之一，它能在大气中发生光解反应，产生卤素自由基，从而参与催化破坏臭氧层的反应。目前大量的卤代烃，通过天然和人工的途径进入大气中，由于天然的卤代烃，年排放量是固定不变的，所以大气中卤代烃的逐年增加，说明人为排放量在不断增加。完全被卤素取代的卤代烃，如三氯一氟甲烷（CFC-11）、二氯二氟甲烷（CFC-12），在大气层聚积并扩散至高层时，会发生光解。被光解释放的氟通过催化循环反应，把大气中的 O_3 转化为 O_2 分子，使地球周围大气层中的 O_3 越来越少，阻挡紫外线辐射到地球表面的能力越来越弱，使人类皮肤癌呈上升趋势，气候和大气温度受到了一定影响。

⑥ 亚硝基胺 N-亚硝基胺有诱发大鼠肝癌以及肺、肾、食道等部位癌变的作用，被列入环境中潜在致癌物之一。二烷基和环状亚硝基胺主要是造成肝脏损伤，如长期接触小剂量亚硝基胺，除诱发癌症外，还可引起胆管增长、纤维化、肝细胞结节状增生等变化。亚硝基胺类化合物对动物的毒性一般随着烷基链的延长而逐渐降低，毒性最大的是甲基苯基硝基胺。

⑦ 多氯联苯 多氯联苯（polychlorinated biphenyls，PCBs）为联苯的多氯化产物，是

一组具有广泛应用价值的氯代芳烃化合物。由于氯原子的数目和位置不同，理论上可能有 210 个异构体，但目前已鉴定的有 120 种。PCBs 具有很强的致癌、致畸、致突变的"三致"作用；且很难分解，在环境中循环能造成广泛的危害，是世界各国环境污染的重点控制物质，并严格限制其生产量。

⑧ 有机金属化合物　有机金属化合物是指金属、准金属（Si、As、Se 等）分别和有机物的碳直接成键所组成的化合物，如（CH$_3$）$_2$Hg、CH$_3$Li 等。有机金属化合物种类多，产量大，具有无机、有机化合物的双重性质。它们大部分具有剧毒性、易燃性和较强的反应活性，如烷基汞在生物体内代谢缓慢，易为生物所积累。由于烷基增大了 Hg 的脂溶性，使得这类化合物在生物体内有较长的半衰期。有机锡化物的毒性，以 R$_3$SnX 为最大，X 基团有较大的生物活性时，也会增加化合物的毒性。当 R 为正烷基、苯基或环己基时，化合物的毒性最大。有机铅化合物有 1200 多种，但对环境影响最大的是四烷基铅、它们的盐以及分解产物。因为四烷基铅主要作为汽油抗爆剂，用量多，分布广，几乎进入地球的各个部位，特别是城市环境污染的重要污染物。

1.5.2　实验性污染物的防治

（1）重金属污染的防治

防治重金属污染目前主要从两方面入手：一是控制污染源，尽量减少重金属污染物的排放。这方面世界各国正在开展的工作主要是改进工艺，尽量避免或减少重金属的使用，进而从根本上解决污染物的排放问题。如为了防止传统氯碱工业所引起的 Hg 污染，科技人员研究出了隔膜制碱法，比较彻底地解决了 Hg 的污染问题；二是对污染地区进行治理，以消除污染和限制其危害。不同污染物的治理方法不同，目前，解决重金属污染最理想的方法是采用生物技术，使其固定或定位在非食物链部分。

（2）有机溶剂的回收

实验室常用的溶剂有氯仿、四氯化碳、石油醚、乙醚、异丙醚、乙酸乙酯、苯、二甲苯、甲醇、异戊醇等。这些溶剂使用后应分类收集，集中回收，这样既可使废物得到利用，同时又可避免造成环境污染。

（3）有机混合物的处理

对有机物含量较高的废弃物，焚烧是防止污染最常用的处理办法。而对有机污染物与水的混合体系，最好通过微生物作用使有机物降解。

（4）有机、无机混合污染体系的处理

对有机、无机混合污染体系，可以直接采用严密的化学处理后进行填埋，也可先通过微生物将有机污染物分解，然后再进行填埋。

总之，无论采用物理法、化学法还是微生物法，处理后的污泥最好再做附加处理。特别是对无机毒物含量较高的污泥，可先采用固化的办法使其成为稳定的固体，不再渗漏和扩散，然后再进行土地填埋。这一系列做法是目前较为常用的化学污染物的处理办法。

1.6　化学实验基本要求

1.6.1　实验预习

为使实验能达到预期的目的，实验前要做好充分的预习和准备工作，做到心中有数。对实验中可能遇到的问题，应查阅有关数据，确定正确的实验方案，使实验得以顺利进行。预习要求如下。

① 认真阅读与本次实验有关的实验教材、参考数据等相关内容，复习与实验有关的理论。

② 明确本次实验的目的、要求。

③ 了解实验内容、原理和方法。

④ 了解实验具体的操作步骤、仪器的使用及注意事项。

⑤ 查阅有关数据，获得实验所需有关常数。

⑥ 估计实验中可能发生的现象和预期结果，对于实验中可能会出现的问题，要明确防范措施和解决办法。

⑦ 写好简明扼要的预习报告。

1.6.2　实验记录

要做好实验，除了安全、规范操作外，在实验过程中还要认真仔细地观察实验现象，对实验过程进行及时、全面、真实、准确的记录。实验记录一般要求如下。

① 实验记录的内容包括：时间、地点、室温、气压、操作过程、实验现象、实验数据、异常现象等。

② 应有专门的实验记录本，或在实验报告规定的栏里记录，不得将实验数据随意记在单页纸、小纸片或其他任何地方。

③ 实验过程中的各种测量数据及有关现象的记录，应及时、准确、清楚。不要事后根据记忆追记，那样容易错记或漏记。在记录实验数据时，一定要持严谨的科学态度，实事求是，切忌带有主观因素，更不能为了追求得到某个结果，擅自更改数据。

④ 实验记录上的每一个数据，都是测量结果，因此在重复测量时，即使数据完全相同，也应记录下来。

⑤ 所记录数据的有效数字应体现出实验所用仪器和实验方法所能达到的精确度。

⑥ 实验记录切忌随意涂改，如发现数据测错、读错等，确需改正时，应先将错误记录用一斜线划去，再在其下方或右边写上修改后的内容。

⑦ 记录应简明扼要、字迹清楚。实验数据最好采用表格形式记录。

1.6.3　实验报告

实验报告是全面总结实验情况，归纳整理实验数据，分析实验中出现的问题，得出实验结果必不可少的环节。因此，实验结束后要根据实验记录写出翔实的实验报告。通过撰写实验报告，可以对实验结果进一步分析、归纳和提高，也可培养严谨的科学态度和实事求是的精神。实验报告的具体内容及格式因实验类型而异，实验报告的内容一般包括实验题目、实验目的、实验原理、试剂规格与用量、实验内容（步骤）、实验数据记录及处理、实验结果与讨论。以下列出几种类型的实验报告格式，以供参考。

（1）测量实验

实验目的、测量的简单原理、实验方法、数据记录及处理、误差及误差分析。

（2）制备实验

实验目的、制备方法（流程）、实验步骤、产品性质、纯度检验（检验方法、反应方程式、现象、结果)、讨论。

（3）性质实验

试验目的、内容、现象、解释（反应方程式或文字叙述）、必要的结论。

1.7 实验数据处理方法

1.7.1 测量中的准确度和精密度

（1）准确度与误差

① 准确度 准确度指测定值（x）与真实值（T）之间相符合的程度。一般以误差来衡量准确度。

② 误差 绝对误差指测定值与真实值之间的差值，即

$$误差＝测定值－真值$$

测定值大于真实值，误差为正（偏高）；测定值小于真实值，误差为负（偏低）。相对误差指绝对误差与真实值之比。绝对误差 E 和相对误差 E_r 表示如下：

$$E = x - T \text{（单位与被测值相同）}$$

$$E_r = \frac{x - T}{T} \times 100\% \text{（无单位）}$$

（2）精密度与偏差

① 精密度 指多次平行测定结果的相互接近程度，即重复性，一般以偏差来衡量精密度。

② 偏差 单次测定值 x_i 与平均值 $\bar{x}$ 之间的差值叫作单次测定值的（绝对）偏差 d_i。

$$d_i = x_i - \bar{x}$$

实验中常用平均偏差 $\bar{d}$、相对平均偏差 $\bar{d}_r$、标准偏差 s 来衡量精密度。

平均偏差：
$$\bar{d} = \frac{\sum |x_i - \bar{x}|}{n}$$

相对平均偏差：
$$\bar{d}_r = \frac{\bar{d}}{\bar{x}} \times 100\%$$

标准偏差：
$$s = \sqrt{\frac{\sum (x_i - \bar{x})^2}{n - 1}}$$

1.7.2 有效数字

要想取得准确的实验结果，不仅需要准确测量，还要正确记录与计算。在实验数据记录和结果的计算中，保留几位有效数字不是任意的，要根据测量仪器、分析方法的准确度来决定。有效数字是指实际工作中所能测量到的有实际意义的数字。例如，用万分之一的分析天平称得坩埚的质量为 21.4218g，则表示该坩埚的质量为 21.4218g±0.0001g，因为分析天平有±0.0001g 的误差。21.4218g 为六位有效数字，前五位是确定的，最后一位是不确定的可疑数字，但最后一位"8"并不是随意编造的，而是根据仪器估计出来的，含有一定的可靠性，所以它也是有效数字。再如，读取滴定管上的刻度为 23.15mL，前三位是准确的，第四位是估计出来的，为可疑数字。但它也不是臆造的，所以记录时应该保留它。

1.7.3 有效数字的修约与运算

（1）修约

有效数字的修约规则为：四舍六入五成双。下列数要修约为四位有效数字时：

0.526641→0.5266，0.362668→0.3627，10.235→10.24，250.650→250.6，18.085001→18.09，13.452→13.46。只能对数字进行一次性修约，不能分次修约。

（2）运算

① 加减法　加减运算中和或差的有效数字的保留应以小数点后位数数最少（即绝对误差最大）的数字为准。例如：

计算错误　$0.0181 + 25.27 - 1.05763 = 24.23047$

计算正确　$0.0181 + 25.27 - 1.05763 = 24.23$

② 乘除法　乘除运算中结果的有效数字的保留应该以有效数字位数最少（即相对误差最大）的数字为准。例如：

计算错误　$0.0181 \times 25.27 \div 1.05763 = 0.432464$

计算正确　$0.0181 + 25.3 \div 1.06 = 0.432$

在乘除运算中，如果遇到第一位为大于等于 8 的数据，可以多算一位有效数字。如 9.14，可算作 4 位有效数字，因其相对误差约为 0.1%，与 10.14、10.21 等具有四位有效数字数据的相对误差相近。

1.7.4 实验结果的表示

实验中应正确表达分析结果，一般情况下，对于高含量组分的测定（>10%），要求分析结果为四位有效数字；对于中含量组分的测定（1%～10%），要求三位有效数字；对于微量组分的测定（<1%），只要求两位有效数字。

使用计算器作连续运算的过程中，不必对每一步的计算结果都进行修约，但应当注意根据运算法则的要求，正确保留最后结果的有效数字位数。

误差和偏差一般只保留一位有效数字，最多保留两位有效数字。

第 2 章　化学实验基本操作技术

2.1　玻璃仪器的洗涤与干燥

2.1.1　玻璃仪器的洗涤

实验所用玻璃仪器必须洗涤干净。使用不洁净的仪器，会由于污物和杂质的存在而影响实验结果，因此必须注意仪器的清洁。

玻璃仪器的洗涤方法很多，应根据实验的要求、污物的性质和沾污的程度以及仪器的类型来选择合适的洗涤方法。

(1) 一般洗涤

例如试剂瓶、烧杯、锥形瓶、漏斗等仪器，先用自来水洗刷仪器上的灰尘和易溶物，污染严重时，可用毛刷蘸去污粉或洗涤液刷洗，然后用自来水冲洗，最后用洗瓶（内装去离子水或蒸馏水）冲洗内壁 2～3 次，以除去残留的自来水。滴定管、容量瓶、移液管等量器，不宜用毛刷蘸洗涤液刷洗内壁，常用洗液洗涤。

(2) 洗液洗涤

铬酸洗液：称取 25g 化学纯重铬酸钾置于烧杯中，加 50mL 水，加热并搅拌使之溶解，在搅拌下缓缓沿烧杯壁加入 45mL 浓硫酸，冷却后储存在玻璃试剂瓶中备用。

铬酸洗液呈暗红色，具有强氧化性和强腐蚀性，适于洗去无机物和某些有机物。仪器加洗液前尽量把残留的水倒净，以免稀释洗液。向仪器中加入少许洗液，倾斜仪器使内壁全部润湿。再转动仪器，使洗液在内壁流动。经流动几圈后把洗液倒回原瓶，可反复多次使用，当颜色变为绿色（Cr^{3+} 颜色）时就失去了去污能力，不能再继续使用。仪器用洗液洗过后再用自来水冲洗，最后用蒸馏水淋洗。

盐酸-乙醇洗涤液：由化学纯盐酸与乙醇按 1∶2 的体积混合。分光光度分析用的吸收池、比色管等被有色溶液或有机试剂染色后，用盐酸-乙醇洗涤液浸泡后，再用自来水及蒸馏水洗净。

氢氧化钠-高锰酸钾洗涤液：取 4g 高锰酸钾溶解于水中，加入 100mL 10% 氢氧化钠溶液即可，可洗去油污及有机物。洗后器壁上留下的氧化锰沉淀可用盐酸洗涤，最后依次用自来水、蒸馏水淋洗。

仪器洗净的检查：冲洗或刷洗后的仪器，是否洗干净，可加入少量水振荡一下，将水倒出，并将仪器倒置，如果观察仪器透明，器壁不挂水珠，说明已洗净；如果仪器不清晰或器壁挂水珠，则未洗净。未洗净的仪器必须重新洗，直到洗净为止。

凡是已洗净的仪器内壁，绝不能再用布或纸去擦拭。否则，布或纸的纤维会留在其壁上反而沾污仪器。

（3）超声波洗涤

一些形状复杂、难以用毛刷清洗的仪器，可以使用超声波清洗机洗涤。其原理是在超声波作用下污垢脱落，达到清洗的目的。清洗时，将仪器放进事先加好清洗剂的超声波清洗机的槽内，然后启动机器，清洗。清洗时间由仪器的污染程度来决定。

2.1.2　仪器的干燥

洗净的仪器需要干燥可采用以下方法。

① 晾干　不急用的仪器，洗净后倒置于干净的实验柜或搪瓷盘中。倒置不稳的仪器应插在干燥板上。

② 吹干　将洗净的仪器擦干外壁，倒置控去残留水后用电吹风机将仪器内壁吹干。

③ 烘干　将洗净的仪器尽量倒干水，口朝下放在烘箱中，并在烘箱下层放一搪瓷盘，防止仪器上滴下的水珠落入电热丝中，烧坏电热丝。温度控制在 105℃ 左右约 30min 即可。

④ 烤干　能加热的仪器如烧杯、蒸发皿等可直接放在石棉网上，用小火烤干。试管可用试管夹夹住后，在火焰上来回移动直接烤干，但必须使管口低于管底。

⑤ 用有机溶剂干燥　在洗净的仪器内加入易挥发的有机溶剂（常用乙醇和丙醇），转动仪器，使仪器内的水分和有机溶剂混溶，倒出混合液（回收），仪器内少量残留混合物很快挥发而干燥。如用电吹风往仪器中吹风，则干得更快。带有刻度的计量仪器，不能用加热的方法进行干燥，因为加热会影响仪器的精度。

 实验2-1 玻璃仪器的洗涤与干燥 ▶▶

【实验目的】

1. 掌握实验室通用玻璃仪器的名称、用途和使用注意事项。

2. 掌握常用玻璃仪器的洗涤和干燥方法。

【仪器与试剂】

仪器：移液管（25mL）、量筒（100mL、10mL）、锥形瓶（250mL）、烧杯（250mL、100mL、50mL）、容量瓶（100mL）、试剂瓶（1000mL）、试管、洗耳球、洗瓶、毛刷。

试剂：去污粉、铬酸洗液。

【实验内容】

1. 玻璃仪器的洗涤

清点从仪器室认领的仪器，并洗涤干净玻璃仪器。

（1）玻璃仪器洗涤目的

玻璃仪器洗涤的目的是去杂，防干扰反应，保证测量体积的准确。

（2）玻璃仪器洗涤要求

水均匀润湿，无水珠，无条纹。

（3）玻璃仪器洗涤方法

① 刷洗。用自来水和毛刷除去烧杯、试管、锥形瓶、量筒等仪器上的尘土及可溶和不

溶物。

② 去污粉或洗衣粉、合成洗涤剂刷洗。去除仪器的油垢和有机物，最后用自来水清洗。

③ 洗液洗涤。主要用于特殊形状的仪器，如容量瓶、移液管等的洗涤。

④ 去离子水荡洗。去除 Ca^{2+}、Mg^{2+}、Cl^- 等。

当壁上附有特殊污物难以去除时，应根据物质的性质针对性地选用适当的洗液洗涤。洗涤方法详见本教材 2.1 节。

2. 玻璃仪器的干燥

(1) 自然干燥方法。

(2) 烘干（容量器皿不许烘干）。

(3) 有机挥发性溶剂（乙醇或丙酮）荡洗，吹干。

(4) 电吹风吹干。

干燥方法详见本教材 2.1 节。

【注意事项】

1. 洗液用后倒回，可反复使用。

2. 洗液具有强氧化性和强酸性，注意安全。

【思考题】

1. 玻璃仪器洗净的标准是什么？

2. 常用的洗涤方法有哪些？选择洗涤方法的原则是什么？

3. 铬酸洗液配制时应注意什么？新配制的铬酸洗液是什么颜色？其失效的特征是什么？

4. 为什么带刻度的计量仪器不能用加热的方法进行干燥？

2.2 分析天平的使用方法及称量方法

2.2.1 分析天平的使用方法

分析天平是精确称量物质的精密仪器，目前常用的是电子分析天平（简称电子天平）。电子天平是较为先进的分析天平，是基于电磁学原理制造的最新一代天平，不需砝码，可直接称量，具有自动调零、校准、去皮、显示读数等功能。操作简单，称量速度快，可以精确地称量 0.1mg。

(1) 电子天平的一般使用步骤和操作方法

电子天平很多，但其使用方法大同小异，具体操作可参见各仪器的使用说明书。

下面以奥豪斯 CP114 电子天平为例（见图 2-1）介绍其一般使用步骤和操作流程。

① 检查水平　观察水平仪，如水平仪水准泡偏移，则指示不处于水平，调节水平调节脚调至水准泡在水平仪圆环中心。

② 开机、自检、预热　接通电源，短按"确认"键开启天平，显示屏全亮，约 2s 后，显示天平的型号，电子称量系统实现自动检查功能，显示屏上显示【0.0000】，自检结束后预热 60min。

③ 校准天平　安装后第一次使用前，应对天平进行校准。存放时间较长、位置移动、

环境变化后使用前一般都应进行校准。按住"打印/校准"键直到屏幕显示【CAL】。标准砝码值【200.0000】在显示屏上闪烁，把 200g 的标准砝码放在秤盘上，此时显示屏闪动【busy】。当显示【clearpad】时，移走砝码，显示【done】，校准完成。

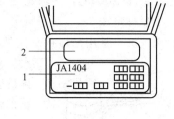

④ 称量 按"去皮"或"置零"键，显示屏显示为【0.0000】后，打开天平侧门，轻轻地将装有被称物的容器放在秤盘上，关上侧门，当显示屏左侧的稳定状态探测符【＊】出现时，即可读取数据。

⑤ 去皮称量 按"去皮"或"置零"键，显示屏显示为【0.0000】后，将容器置于秤盘上，显示屏上显示容器质量，再按"去皮"键显示【0.0000】，此时可以将被称物（粉末状或液体）逐步加入容器中直至达到所需质量，这时显示的是被称物的净质量；即去皮质量。

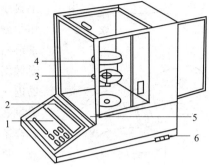

图 2-1 电子天平外形

1—键盘（控制板）；2—显示屏；3—盘托；
4—秤盘；5—水平仪；6—水平调节脚

⑥ 称量完毕 取出称量物品，关好天平门，并认真填写仪器使用记录。

⑦ 关机 按住"确认"键，直到显示屏显示为【OFF】，松开按键。

（2）电子天平使用注意事项

① 保持天平清洁，称量结束关机后用天平刷清理干净。

② 保持天平干燥，经常检查天平室的防潮硅胶，如变成红色，应及时更换。

③ 保持天平水平，开、关天平门及取、放称量物，动作要轻、缓，称量过程中不要挪动天平。

④ 读数时应关上天平门。

⑤ 严禁称量超出天平称量范围的物品（包括容器质量），如果不能判断是否超出称量范围，可将被称物先在台秤上粗称。

⑥ 不能称量冷或热的物品。

⑦ 有腐蚀性或易吸潮、不稳定物，必须借助密闭容器（如称量瓶）称量。

2.2.2 称量方法

（1）直接称量法

此法是将被称物直接放在秤盘上称量的方法。调节天平零点后，将被称物用干净的纸条套住（也可采用戴细纱手套、镊子夹取等适宜的方法），放在秤盘中央，待显示屏上数字稳定后，记录数据。这种方法适用于称量干燥的器皿、棒状或块状的金属及其他整块不易潮解或升华的固体样品。

（2）固定质量称量法

又称增量法。用于称取某一固定质量的试剂（如基准物）或试样。此法操作的速度很慢，适宜称量不易吸潮、在空气中性质稳定、不污染天平的粉末状或小颗粒状样品。操作方法是先将洁净、干燥的容器（如表面皿、称量纸、小烧杯等）置于秤盘上，按"去皮"键，显示屏上显示【0.0000】，用药匙缓缓加试样至所需质量。

（3）减量称量法

又称递减法。常用来称量一定质量范围的试样或试剂。此法适用于连续称取多份易吸水、易氧化或易与二氧化碳反应的物质。常用的称量器皿是

称量瓶。操作方法如下：用干净纸条夹住装有试样的称量瓶，置于秤盘上，等数据稳定后，按"去皮"键，使显示屏上显示【0.0000】。用纸条夹住称量瓶从天平中取出（不能用手触及称量瓶），将其置于准备盛放试剂的容器（烧杯、锥形瓶等）上方，再用另一小纸条夹住瓶盖，打开瓶塞，慢慢倾斜瓶身，用瓶盖轻轻敲击瓶口上部，使试样慢慢落入容器内（见图2-2），倾出的试样接近所要求的质量时，慢慢将称量瓶竖起，同时用瓶盖轻轻敲击瓶口上部，使附在瓶口的试样落回称量瓶中，盖好瓶盖，再将称量瓶放入秤盘上读数，显示的数字绝对值即为所称试样的质量。若称取第二份试样，则再按"置零"键清零后，重复上述操作。

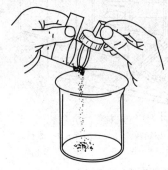

图 2-2　减量称量法操作

应该注意的是：如果一次倾出的试样不足所需要的质量范围时，可按上述操作继续倾出。但超出所需要的质量范围，不能将倾出的试样再倒回称量瓶中，此时只能弃去倾出的试样，洗净容器，重新称量。因此初次倒出试样量应该以少为宜，这样可以根据已经倒出的试样质量，估计应补充的量，即每次宁少勿多。

实验2-2　分析天平称量练习

【实验目的】

1. 掌握电子天平的基本操作和常用称量方法。

2. 了解电子天平的构造，熟悉其操作流程。

【仪器与试剂】

仪器：电子天平、台秤、表面皿、坩埚、称量瓶、干燥器、称量纸、药匙。

试剂：固体 NaCl。

【实验内容】

1. 称量前的准备

（1）检查天平水平

观察天平水平仪，如水平仪水准泡偏移，调节水平调节脚使水准泡在水平仪圆环中心。

（2）开机

短按"确认"键，待显示屏显示【0.0000】，即天平进入称量模式后方可称量，如不为【0.0000】，则按一下"置零"键，使显示屏显示【0.0000】。如重复按"置零"键时，显示屏上仍不显示【0.0000】，应进行校准（校准方法参见 2.2.1）。

2. 称量练习

① 取一只洁净、干燥的坩埚（用纸条夹住），在电子天平上称出其质量（精确至 0.1mg），记下其质量 m_1。

用纸条取一只装有 NaCl 试样的称量瓶，放入分析天平秤盘上（尽量放到秤盘中间），当显示屏左侧的稳定状态探测符【＊】出现，按去皮键，此时显示屏显示为【0.0000】。

用纸条夹住称量瓶，从天平拿出来，用另一小纸条捏住瓶盖，在坩埚上方轻轻打开瓶盖，倾斜瓶身，用瓶盖轻轻敲击瓶口上部，使 NaCl 试样慢慢落入坩埚中，转移 0.3～0.4g，慢慢将瓶竖起，同时用瓶盖轻轻敲击瓶口，使附在瓶口的 NaCl 试样落入称量瓶中，然后盖好瓶盖，将称量瓶放入秤盘上，当显示屏左侧的稳定状态探测符【＊】出现后读数，其绝对值即为倒出的 NaCl 试样质量 m_2。取出称量瓶，按"置零"键，显示屏显示为【0.0000】后，将装有 NaCl 试样的坩埚放入天平秤盘中，准确称出"坩埚＋NaCl 试样"的质量，记为 m_3。

计算坩埚中 NaCl 试样质量 $m_4 = m_3 - m_1$

以同样方法再称取 NaCl 试样 0.2～0.3g。

② 取一只洁净、干燥的表面皿（用纸条夹住），置于秤盘上，当显示屏左侧的稳定状态探测符【＊】出现后，按"去皮"键，显示屏显示为【0.0000】后，用药匙取 NaCl 试样添加至表面皿上至达到规定质量（0.5500±0.0002）g，记为 m_5。

称量结束，关闭天平，填写使用记录本，经指导教师检查合格签字后方可离开。

【数据记录与处理】

序号 记录项目	I	II
空坩埚质量 m_1/g		
倾出试样质量 m_2/g		
"坩埚＋试样"的质量 m_3/g		
转移至坩埚的试样质量 m_4/g		
绝对误差$(m_4 - m_2)$/g		
m_5/g		

【思考题】

1. 减量称量法称量过程中，能否用药匙取试样？为什么？
2. 固定质量称量法和减量称量法各有何优点？

2.3 滴定分析的仪器及基本操作

标准溶液是已确定准确浓度或其他特性量值的溶液。化学实验中常用的标准溶液有滴定分析用标准溶液、仪器分析用标准溶液和 pH 测量用标准缓冲溶液。

2.3.1 滴定分析用标准溶液

滴定分析标准溶液是浓度确切已知并用于滴定被测物质的溶液。其浓度一般要求准确到四位有效数字。标准溶液的配制有直接法和间接法（或标定法）。

（1）直接法

准确称取一定质量的纯物质，溶解，转移至容量瓶中定容。例如，准确称取 0.5300g 纯 Na_2CO_3，溶解后转移至 500mL 容量瓶中，加水稀释至刻度，摇匀，即得浓度为 $0.01000mol \cdot L^{-1}$ 的 Na_2CO_3 标准溶液。

能用直接法配制标准溶液的纯物质称为基准物质。基准物质应具备下列条件：

① 试剂的纯度在 99.9% 以上；

② 性质稳定，不易吸收空气中的水分，不易与空气中的氧气及二氧化碳反应；

③ 实际组成与化学式完全相符；

④ 最好有较大的摩尔质量。

配制时，将所需基准物质按规定预先进行干燥，并选用符合实验要求的纯水配制，纯水一般不低于三级水的规格。几种常用基准物质的干燥条件和应用参见《分析化学》教材。

（2）间接法

有很多配制标准溶液的试剂不符合基准物质的条件。如浓 HCl 易挥发，NaOH 易吸收空气中的 CO_2 和水分，$KMnO_4$ 不易提纯且易分解等，因此这些物质都不能用直接法配制标准溶液，只能采用间接法。其配制方法是先用分析纯试剂配制近似于所需浓度的溶液，然后再用基准物质（或已经用基准物质标定过的标准溶液）来标定其准确浓度。

2.3.2　仪器分析用标准溶液

仪器分析所用标准溶液种类较多，不同的仪器分析实验对试剂的要求不同。配制标准溶液的试剂有专用试剂、纯金属屑、高纯试剂、优级纯及分析纯试剂等。

仪器分析用标准溶液的浓度都比较低，常以 $\mu g \cdot mL^{-1}$ 表示。稀溶液保存的有效期短，通常配制成浓标准溶液作为储备液，临用前进行稀释。

2.3.3　滴定分析的仪器及基本操作

滴定分析用的仪器，主要是指具有准确体积的滴定管、移液管（吸量管）和容量瓶。

滴定管介绍

滴定操作

2.3.3.1　滴定管

滴定管是滴定时准确测量标准溶液体积的量器，为刻度精确、内径均匀的细长玻璃管。按容量大小和刻度的精密程度分为常量滴定管、半微量滴定管和微量滴定管，按用途可分为酸式滴定管和碱式滴定管。

常量滴定管容积有 50mL、25mL 等规格，最小刻度为 0.1mL，读数可估计到 0.01mL。半微量和微量滴定管容积有 10mL、5mL、2mL、1mL 等规格。

目前，常用聚四氟乙烯活塞的酸碱通用滴定管。聚四氟乙烯活塞具有耐腐蚀、有弹性、不用涂油、密封性好等优点。滴定基本操作如下。

（1）检漏

用自来水充满滴定管，将其放在滴定管架上，静置约 2min，用滤纸检查活塞两端处有无水渗出，观察滴定管尖端有无水滴漏下。如果漏水，应通过调节活塞尾部的螺帽，调节活塞旋塞与活塞套间的紧密度，直至不漏为止。

（2）洗涤

洗涤方法根据其沾污程度而定。当没有明显污染时，可用自来水直接冲洗，或用滴定管刷蘸上水或洗涤剂（不能用去污粉）刷洗，然后用自来水冲洗。若沾污较重，可用洗液浸洗或装满洗液浸泡一段时间。洗液浸洗滴定管的方法如下：将洗液 5～10mL 倒入滴定管，一手拿住滴定管上端，另一手拿住活塞上部，将滴定管几乎放平，反复转动滴定管，使洗液充分浸润全管内壁后，将洗液从下端和上口倒回原瓶。然后用自来水冲洗至流出的水为无色，再用蒸馏水洗涤 2～3 次，每次约用 10mL。蒸馏水洗涤时，加入蒸馏水后，将管放平，反复转动滴定管，使水布满全管后，将水从滴定管下端放出一部分，其余的从管口放出，最后将管外壁擦干，备用。

（3）润洗

为使标准溶液不被残留在滴定管内的水稀释，先用该标准溶液润洗 2～3 次（每次 5～10mL）。装入标准溶液时应将试剂瓶的标准溶液直接装入滴定管，不得借用任何别的器皿，以免改变标准溶液浓度或造成污染。

（4）赶气泡

若滴定管尖端处有气泡，将滴定管取下倾斜一定角度，然后迅速打开活塞，使溶液冲出并带走气泡。

（5）调零点

每次滴定须从 0.00mL 开始（或从 0 附近的某一刻度开始），这样可减小因滴定管刻度不匀而产生的系统误差。将标准溶液装入滴定管至 0.00mL 刻度以上，手持液面上方，使滴定管自然垂直，转动活塞，使液面降至 0.00mL 刻度或 0.00mL 附近的刻度。

（6）读数

滴定管的读数不准确，通常是滴定分析误差的主要来源之一。读数时应将滴定管从滴定管架上取下，手持液面上方，自然垂直，静置 1～2min，然后读数。对于无色或浅色溶液，读数时可在管后衬一白纸，视线与液面平齐，读取与弯月面相切的刻度，估计到小数点后第二位。对于深色溶液，则读取液面上沿刻度。滴定前和滴定后各读取一个数，终读数与初读数之差就是标准溶液的用量。

（7）滴定操作

滴定开始前应把悬挂在滴定管尖端的溶液用滤纸除去。左手控制滴定管活塞，拇指在前，食指和中指在后，将活塞轻轻转动。右手持锥形瓶颈部，滴定管尖端插入瓶口约 1cm，边滴边摇，锥形瓶向同一方向做圆周旋转。一般情况下，滴定速度以每秒 3～4 滴为宜。滴定开始时可快些，接近终点时，速度要放慢，最后应一滴或半滴地加入（加入半滴操作如下：使溶液悬挂在尖嘴上，形成半滴，用锥形瓶内壁将其沾落，再用洗瓶以少量蒸馏水冲洗瓶壁，使附着的溶液全部流下），继续摇动锥形瓶，当加入一滴或半滴标准溶液使被滴溶液颜色发生明显变化且符合终点颜色，并保持 30s 不消失时，即为滴定终点。

滴定结束后，滴定管中剩余的溶液倒掉（不能倒回原储液瓶），用自来水和蒸馏水洗净滴定管，打开活塞，倒挂在滴定管架上。

2.3.3.2　移液管（吸量管）

移液管和吸量管都是用来准确移取一定体积溶液的量器，二者常称为吸管。移液管中间

移液管介绍

移液操作

膨大两端细长，上端有环形标线，无分刻度，膨大部分标有容积和温度。常用的有 5mL、10mL、20mL、25mL、50mL 等规格。吸量管又叫刻度吸管，是标有分刻度的直形玻璃管，管的上端标有指定温度下的总容积，可以准确移取不同体积的溶液，但其准确度比移液管稍差一些。常用的有 1mL、2mL、5mL、10mL 等规格。移液管（吸量管）的使用方法如下。

(1) 洗涤和润洗

移液管使用前先用水洗涤干净，必要时可先用铬酸洗液洗涤。用水洗涤的方法如下：用右手的拇指和中指拿住管颈标线以上的部分，食指在管口上方，下部的尖端插入液面下 1～2cm，太浅易吸空，会将水吸入洗耳球中，插入太深，移液管外壁附有过多的水。左手拿洗耳球，先把球中空气压出，然后将球的尖端接在移液管口，松开左手使水吸入管内，吸至移液管球部约 1/4 处，用右手食指堵住移液管口，把移液管横过来，左手指托住管下端，右手指松开，水平转转移液管使水布满全管，然后将水从下口放出。最后再用蒸馏水清洗干净。洗净的移液管在移取溶液前必须用滤纸吸净尖端内外的水。移取溶液前先用少量待移取溶液（每次用量约为移液管球部 1/4 处）润洗内壁 2～3 次，以保证被移取的溶液浓度不变。

(2) 移取溶液

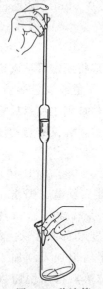

图 2-3 移液管放液操作

将溶液吸上来，当液面上升至标线以上时，移去洗耳球的同时立即用右手食指紧按管口，将移液管提起离开液面，尖端仍靠在盛溶液器皿的内壁，减轻食指压力，用拇指和中指轻轻转动移液管，使液面平稳下降，此时眼睛要平视标线，当溶液弯月面下缘与标线相切时，按紧管口，使液体不再流出，然后插入承接溶液的容器中，承接容器倾斜，尖端靠着容器内壁，使管垂直，放开食指，让溶液自然沿器壁流下（见图 2-3）。

待溶液流尽后，继续尖端靠着容器内壁停约 15s，取出移液管。除标有"吹"字的移液管外，不可把残留在尖端内的溶液吹出，因为移液管的容积不包括尖端残留的溶液。

移液管的使用注意事项：移液管不能在烘箱中烘干；移液管不能移取太热或太冷的溶液；同一实验中应尽可能使用同一支移液管；移液管使用完毕，应洗净放回移液管架。

吸量管的操作要点同上。使用时应以最上面的刻度为起点，往下放出所需体积的溶液，尽量不使用其末端收缩部分，以减小测定误差。

容量瓶是细颈梨形平底玻璃瓶，瓶口带有磨口玻璃塞或塑料塞，颈上有一标线，瓶体标有它的体积和温度，一般表示 20℃ 时，液体充满刻度时的体积。常用的有 25mL、50mL、100mL、250mL、500mL 等规格。容量瓶主要用于配制准确浓度的溶液或准确地稀释一定浓度的溶液（简称定容）。

2.3.3.3 容量瓶

容量瓶使用方法如下。

(1) 检漏

检查方法是先在容量瓶中注入自来水至标线附近，盖好瓶塞，一手食指按住瓶塞，其余手指拿住瓶颈标线以上部分，另一手指托住瓶底边缘（见图 2-4），将瓶倒立静置 2min，检查瓶塞周围是否有水渗出，如果不漏，将瓶直立，再把瓶塞旋转 180°，塞紧、倒置，如上述方法检查。容量瓶与瓶塞要配套使用，瓶塞需用绳系在瓶颈上。

容量瓶介绍

（2）洗涤

先用自来水洗，必要时用洗液浸洗。用自来水洗干净后，再用蒸馏水洗 2～3 次。检查瓶内若形成均匀的水膜，即表示清洗干净，最后要注意清洗瓶塞。

溶液配制

（3）定容操作

准确称取一定质量的固体纯物质，置于烧杯中，加少量水将其溶解后，定量转移至容量瓶中。转移时一手持玻璃棒，玻璃棒的下端靠近瓶颈内壁。另一手拿烧杯，使烧杯嘴紧贴玻璃棒，让溶液沿玻璃棒与瓶内壁流下（见图 2-5），溶液流尽后，将烧杯顺玻璃棒向上提，使附在玻璃棒和烧杯嘴间的溶液流回烧杯中，同时烧杯直立，玻璃棒取出放入烧杯内。用洗瓶冲洗玻璃棒和烧杯内壁，同法转移至容量瓶中，重复冲洗 2～3 次（每次 5～10mL），将洗涤液全部转移至容量瓶中，加水稀释。当加水至容积约 2/3 时，旋摇容量瓶使溶液初步混匀（注意！不能盖塞）。继续加水至标线下约 1cm 处，静置 1～2min，使附在瓶颈内壁的溶液流下后，竖直提起容量瓶标线以上部位，平视容量瓶标线，继续用滴管或洗瓶沿瓶颈内壁滴加水至溶液的弯月面最低点恰好与标线相切。盖紧瓶塞，食指压住瓶塞，另一手指托住瓶底，将容量瓶倒立摇匀（见图 2-6），再倒过来，使气泡上升至顶部，如此反复 10 次以上，使溶液混匀。

 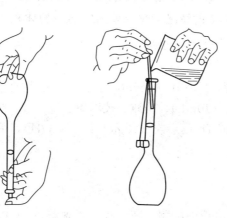 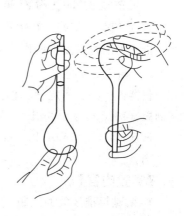

图 2-4 容量瓶的拿法　　　　图 2-5 定量转移　　　　图 2-6 摇匀溶液

如用容量瓶将已知准确浓度的浓溶液稀释成一定浓度的稀溶液，则用移液管移取一定体积的浓溶液于容量瓶中，加水至标线，按上述方法混匀即可。

容量瓶使用注意事项：容量瓶不宜长期存放溶液，若溶液需要保存较长时间，可转移至试剂瓶中保存；容量瓶不得在烘箱中烘干。若需要干燥，可将容量瓶洗净，用有机溶剂润洗后晾干或冷风吹干；容量瓶长时间不用时，瓶与塞之间应垫一张小纸片。

实验2-3 酸碱标准溶液的配制与滴定操作

【实验目的】

1. 掌握间接法配制标准溶液的方法。
2. 掌握移液管的使用方法和滴定管操作。
3. 学习滴定终点的观察和判定。

【实验原理】

滴定分析是将一种已知准确浓度的标准溶液用滴定管滴加到试样溶液中，直到标准溶液的量和被测组分的量之间正好符合化学反应式所表示的化学计量关系为止，根据标准溶液的浓度和滴定所消耗的体积求算试样中被测组分含量的分析方法。滴定分析的基本操作包括滴定仪器的选择和正确的使用方法、滴定终点的判断和控制、滴定数据的读取、记录和处理等。本实验通过酸碱滴定法，即强酸和强碱之间的滴定来了解和学习滴定分析的基本操作，为以后的滴定分析做好准备。酸碱滴定法是以酸碱反应为基础的一种滴定分析法。

$$H^+ + OH^- \Longrightarrow H_2O$$

$0.1mol \cdot L^{-1}$ HCl 和 $0.1mol \cdot L^{-1}$ NaOH 相互滴定时，pH 突跃范围为 4.3～9.7，选用在突跃范围内变色的指示剂可保证测定有足够的准确度。本实验使用甲基橙、酚酞两种指示剂。甲基橙变色范围为 3.1～4.4，酸式色为红色，碱式色为黄色，混合色为橙色；酚酞变色范围为 8.0～10.0，酸式色为无色，碱式色为粉红色。

一定浓度的 HCl 溶液和 NaOH 溶液相互滴定时，所消耗的体积之比 $V(HCl)/V(NaOH)$ 应是一定的。在指示剂不变的情况下改变被滴定溶液的体积，此体积比应基本不变，借此可以检验滴定操作技术和判断终点的能力。

【仪器与试剂】

仪器：台秤、滴定管、移液管、锥形瓶 (250mL)、洗耳球、烧杯 (250mL、100mL)、试剂瓶 (1000mL、500mL)、量筒 (10mL)、洗瓶、玻璃棒。

试剂：HCl $(6mol \cdot L^{-1})$，NaOH (s) 或 $(10mol \cdot L^{-1} NaOH)$，甲基橙指示剂，酚酞指示剂。

【实验内容】

1. 酸碱标准溶液的配制

(1) $0.1mol \cdot L^{-1}$ NaOH 标准溶液的配制　在台秤上迅速称取 4g 固体 NaOH，溶解于事先准备好的适量的蒸馏水中，转入 1000mL 试剂瓶中，用蒸馏水稀释至 1000mL。用橡皮塞塞紧瓶口，摇匀 (或用量筒量取 $10mol \cdot L^{-1}$ NaOH 上层清液 5mL，倒入试剂瓶中，加蒸馏水 500mL，摇匀备用。)

(2) $0.1mol \cdot L^{-1}$ HCl 标准溶液的配制　用量筒量取 $6mol \cdot L^{-1}$ HCl 8.4mL，倒入 500mL 试剂瓶中，用蒸馏水稀释至 500mL，塞上玻璃塞，摇匀。

以上两种酸碱标准溶液配制完毕，在瓶上贴一标签，注明名称、日期，并留一空位以备填入其准确浓度。

2. 滴定准备

（1）用 $0.1mol \cdot L^{-1}$ NaOH 溶液润洗滴定管 2～3 次，然后向滴定管内装满 NaOH 溶液，赶掉气泡，调好零点。

（2）同样方法用 $0.1mol \cdot L^{-1}$ HCl 溶液润洗滴定管，装好 HCl 溶液，赶掉气泡，调好零点。

3. 酸碱标准溶液的比较滴定

（1）从滴定管中放出 NaOH 溶液约 20mL（需准确读取体积）于锥形瓶中，加甲基橙指示剂 1～2 滴，用 HCl 溶液滴定，直到溶液由黄色变为橙色。记录 HCl 溶液的体积，准确至 0.01mL。平行测定三次，计算 NaOH 溶液和 HCl 溶液的体积比及其平均值，并计算相对平均偏差。

（2）用移液管移取 25.00mL $0.1mol \cdot L^{-1}$ HCl 溶液于 250mL 锥形瓶中，加酚酞指示剂 1～2 滴，用 NaOH 溶液滴定至微粉色（30s 不褪色）即为终点。记录消耗 NaOH 溶液的体积。平行测定三次，计算 NaOH 溶液和 HCl 溶液的体积比及其平均值，并计算相对平均偏差。

【数据记录与处理】

1. $0.1mol \cdot L^{-1}$ HCl 溶液滴定 $0.1mol \cdot L^{-1}$ NaOH 溶液

序号 记录项目		I		II		III	
		NaOH	HCl	NaOH	HCl	NaOH	HCl
标准溶液的初读数/mL							
标准溶液的终读数/mL							
标准溶液的体积/mL							
$V(HCl)/V(NaOH)$	测定值						
	平均值						
相对平均偏差/%							

2. $0.1mol \cdot L^{-1}$ NaOH 溶液滴定 $0.1mol \cdot L^{-1}$ HCl 溶液

序号 记录项目		I	II	III
$V(HCl)/mL$				
NaOH 初读数/mL				
NaOH 终读数/mL				
$V(NaOH)/mL$				
$V(HCl)/V(NaOH)$	测定值			
	平均值			
相对平均偏差/%				

【思考题】

1. 配好的 HCl 和 NaOH 溶液如不充分摇匀，后果怎样？

2. 在滴定分析实验中，滴定管、移液管为何需要用滴定剂和待移取的溶液润洗？所用锥形瓶是否也要用滴定剂润洗？为什么？

3. 在每一次滴定后，为什么要求将溶液重新加至零点，然后进行二次滴定？

4. 使用移液管、刻度吸量管应注意什么？留在管内的最后一滴溶液是否吹出？

2.4 干燥与干燥剂

干燥是用来除去固体、气体或液体中含有的少量水分和少量有机溶剂的方法。它是化学实验中最常用的方法。

2.4.1 固体物质的干燥

(1) 固体无机物的干燥

无机及分析化学实验中所用的固体试剂常含有一定的水分，称量之前对试剂若不进行干燥处理，则待测组分的含量就不能正确代表样品的组成。应进行干燥处理后才能供实验用。常用的干燥方法有烘箱干燥和干燥器干燥。

① 烘箱干燥 无腐蚀、无挥发性、加热不分解的试剂（样品）可用烘箱干燥。烘箱干燥一般是将样品在电热烘干箱中，于 $105 \sim 110 \, ℃$ 进行烘干，既要赶走吸附的水，又应防止样品中组成水及一些其他挥发组分的损失。对于受热易分解的物质，应在真空干燥箱中，在较低温度下干燥。干燥的时间可视样品的数量和性质而定，一般为 $2 \sim 4 \text{h}$，应达到恒重为止。干燥好的试剂应盖紧瓶塞，放干燥器中备用。

② 干燥器干燥 干燥器是一种具有磨口盖子的厚质玻璃器皿，磨口上涂有一薄层凡士林，使其更好地密合。底部放干燥剂（约干燥器下室的一半），其上架有洁净的带孔瓷板，以便放坩埚和称量瓶、试剂瓶等。常用的干燥剂有无水氯化钙和变色硅胶等。

开启干燥器时，应左手按住干燥器下部，右手握住盖的圆顶（见图 2-7），向前小心推开干燥器盖子。搬动干燥器时，应用拇指按住盖子，以防盖子滑落打碎。

图 2-7 干燥器的推开与搬动

(2) 固体有机物的干燥

① 晾干 将待干燥的固体放在表面皿上或培养皿中，尽量平铺成一薄层，再用滤纸或培养皿盖上，以免灰尘沾污，然后在室温下放置直到干燥为止。

② 红外灯干燥 固体中如含有不挥发的溶剂，为了加速干燥，常用红外灯干燥。干燥的温度应低于晶体的熔点，要随时翻动固体，防止结块。但对于常压下易升华或热稳定性差的结晶不能用红外灯干燥。

③ 烘箱干燥 用来干燥无腐蚀、无挥发性、加热不分解的固体，切忌将挥发、易燃、易爆物放入烘箱内，以免发生危险。

④ 干燥器干燥 见上面（1）②内容。

⑤ 冷冻干燥 该法适用于受热不稳定物质的干燥。该法是使有机物的水溶液或混悬液在高真空的容器中，先冷冻或固体状态，然后利用冰的蒸气压较高的性质，使水分从冰冻的体系中升华，有机物即成固体或粉末。

2.4.2 液体物质的干燥

这里的液体物质主要是指液体有机物，液体有机物的干燥程度将直接影响到有机反应的本身以及纯化和分析产品时的结果。液体有机物的干燥方法大致可分为两种：①物理方法，通常是用吸附、恒沸蒸馏、冷冻、加热等物理过程达到干燥目的的方法；②化学方法，通常是用干燥剂与水反应除去水，达到干燥目的的方法。其中干燥剂可分为两类：一类是能与水可逆地结合成水合物的干燥剂，如氯化钙、硫酸镁、硫酸钠等；另一类是与水发生化学反应生成新化合物的干燥剂，如五氧化二磷、氧化钙等。用干燥剂干燥液体有机化合物，只能除去少量的水分，若含大量水，必须设法事先除去。

化学方法干燥时，干燥前应将被干燥液体中的水分尽可能分离干净。宁可损失一些有机物，不应有任何可见的水层。将该液体置于锥形瓶中，取适量的干燥剂小心加入液体中，干燥剂颗粒大小要适宜，太大时因表面积小吸水很慢，且干燥剂内部不起作用，太小时不宜过滤，吸附有机物甚多。盖上塞子，振摇片刻，如果发现干燥剂附着瓶壁、互相黏结，表示干燥剂不够，应继续添加，时时加以振摇后放置一段时间，最后将其与干燥剂分离。

如果在干燥过程中，干燥剂与水发生化学反应放出气体，则应在塞子上配有一端拔伸成毛细管的玻管，以防因容器内压增大而使气体带着被干燥物冲出，造成损失。为防止空气中的湿汽侵入，通常还在容器上装配有干燥管。

用干燥剂干燥液体有机物的方法如下。

① 选择适当的干燥剂。选择干燥剂时，首先必须考虑干燥剂和被干燥物质的化学性质，不能选用能与被干燥物起中和反应以及能生成配合物的干燥剂。另外，干燥剂也不能溶解在被干燥的液体中。其次还要考虑干燥剂的干燥效能、干燥容量及价格。对于未知液体的干燥，通常用化学惰性的干燥剂，如无水硫酸钠和无水硫酸镁。

② 将被选用的干燥剂粉碎成较小颗粒，对于结晶好且分散度也好的干燥剂，则可直接使用。

③ 将选好的干燥剂，其加入量一般为被干燥物质量的5%左右，放入溶液或液体中，一起振摇后放置一个较长时间，最少要 2h。直到液体清澈透明，氯化钙保持原来的粒状，五氧化二磷不结块。

④ 将液体和干燥剂分离（倾析法或过滤法）后，液体即可按要求使用。

⑤ 在蒸馏被干燥的液体时，必须将与水可逆结合成水合物的干燥剂滤除，对于与水起了化学反应生成新化合物的干燥剂，则不必滤除，可直接进行蒸馏。

2.5 重结晶与过滤

2.5.1 重结晶

重结晶是纯化精制固体化合物的一种手段。无论是从自然界还是通过化学反应制备的物质，往往是混合物或者含有副产物、未完全作用的原料和催化剂等，常常用重结晶法进行分离提纯。其一般过程为：①将不纯的固体物质在溶剂的沸点或接近于沸点的温度下溶解在溶剂中，制成接近饱和的浓溶液；②若溶液含有有色杂质，可加适量活性炭煮沸脱色；③过滤此热溶液以除去其中不溶性杂质及活性炭；④冷却滤液，使结晶从过饱和溶液中析出，而可溶性杂质仍留在母液中;⑤抽滤,从母液中将结晶分出,洗涤结晶以除去吸附的母液,所得的结晶,经干燥后测定熔点。如发现其纯度不符合要求时,可重复上述操作,直至熔点不再改变。

一般重结晶只适用于纯化杂质含量在5%以下的固体混合物,所以从反应粗产物直接重结晶是不适宜的,必须先采用其他方法初步提纯,如萃取、蒸馏、减压蒸馏等,然后再用重结晶提纯。

重结晶具体步骤如下。

(1)选择溶剂

选择适当的溶剂是重结晶的关键,适当的溶剂应具备下列条件:

① 不与被提纯物质起化学反应;

② 被提纯物质在热溶剂中溶解度较大,在室温或更低温度的溶剂中几乎不溶或难溶;

③ 对杂质的溶解度很大(留在母液中被分离)或很小(热过滤时除去);

④ 较易挥发,易与结晶分开,溶剂的沸点应低于被提纯物质的熔点;

⑤ 能给出较好的结晶;

⑥ 价廉易得,毒性小,回收率高,操作方便。

选择溶剂应根据"相似相溶"原理,查阅化学手册或有关文献,若有几种溶剂都合适时,应根据重结晶的回收率,操作的难易,溶剂的毒性、易燃性、用量和价格来选择。

在实际工作中,通常采用溶解度试验方法选择溶剂。取0.1g待重结晶的固体置于一小试管中,用滴管逐滴加入溶剂,并不断振荡,若加入1mL溶剂后,固体已全部或大部分溶解,则此溶剂的溶解度太大,不适宜作为重结晶的溶剂。若固体不溶或大部分不溶,但加热至沸(沸点低于100℃时,应采用水浴加热,以免着火)时完全溶解,冷却后,固体几乎全部析出,这种溶剂适宜作为重结晶溶剂。若待重结晶固体不溶于1mL沸腾的溶剂中,可在加热下,按每次0.5mL溶剂分次加入,并加热至沸。若加入溶剂总量达4mL,固体仍不溶,表示该溶剂不适宜作重结晶溶剂。即使固体能溶解在4mL沸腾的溶剂中,用水或冰水冷却,甚至用玻璃棒摩擦试管内壁,均无结晶析出,此溶剂也不适宜作重结晶溶剂。

若难以选择一种合适的溶剂时,可使用混合溶剂。混合溶剂由两种互溶的溶剂组成:一种对被提纯物质的溶解度较大;另一种对被提纯物质的溶解度较小。常用的混合溶剂如下:

乙醇-水　　乙酸-水　　丙酮-水　　乙醇-乙醚

乙醚-丙酮　　苯-石油醚　　乙醇-丙酮　　乙醚-石油醚

常用的重结晶溶剂见表2-1。

表 2-1　常见的重结晶溶剂

溶　剂	沸点/℃	冰点/℃	相对密度	溶解度(水)	易燃性
水	100	0	1.0	+	0
甲醇	64.96	<0	0.7914^{20}	+	+
乙醇(95%)	78.1	<0	0.804	+	++
冰醋酸	117.9	16.7	1.05	+	+
丙酮	56.2	<0	0.79	+	+++
乙醚	34.1	<0	0.71	−	++++
石油醚	30~60	<0	0.64	−	++++
乙酸乙酯	77.06	<0	0.90	−	++

溶 剂	沸点/℃	冰点/℃	相对密度	溶解度(水)	易燃性
苯	80.1	5	0.88	—	++++
氯仿	61.7	<0	1.48	—	0
四氯化碳	76.54	<0	1.59	—	0

注:+表示混溶性好,+越多表示易燃性越强。

(2)溶解

在锥形瓶中加入待重结晶的固体物质,加入比计算量较少的溶剂,加热至沸,若有未溶解的固体物质,保持在沸腾状态下逐渐添加溶剂至固体恰好溶解。由于在加热和热过滤过程中溶剂的挥发,温度降低导致溶解度降低而析出结晶,最后需多加 20% 的溶剂,溶剂量过大则难以析出结晶。

在溶解过程中,若有油状物出现,对物质的纯化很不利,因杂质会伴随析出,并夹带大量的溶剂。避免这种现象发生的具体方法是:①选择溶剂的沸点低于被提纯物质的熔点;②适当加大溶剂的用量。

有机溶剂易燃又有毒性,如果使用的溶剂易燃时,应选用锥形瓶或圆底烧瓶,装上回流冷凝管。严禁在石棉网上直接加热,要根据溶剂沸点的高低选用热浴。

(3)脱色

待重结晶的固体物质常含有有色杂质,在加热溶解时,尽管有色杂质可溶解于有机溶剂,但仍有部分被晶体吸附不能除去。有时在溶液中还存在少量树脂状物质或极细的不溶性杂质,用简单的过滤方法不易除去,可加入活性炭吸附色素和树脂状物质。使用活性炭应注意以下几点。

① 活性炭应在溶液稍冷后加入,切不可在溶液沸腾状态时加入,否则易形成暴沸。

② 活性炭加入后,需在搅拌下加热煮沸 5min。若脱色不净,待稍冷后补加活性炭,继续在搅拌下加热至沸。

③ 活性炭的加入量,视杂质多少而定。一般为粗品质量的 1%~5%。若加入量过多,会吸附一部分纯产品,使产率降低;若加入量过少,达不到脱色目的。

④ 活性炭在使用前,应在研钵中研细,增大表面积,提高吸附效率。除用活性炭脱色外,还可采用色谱柱脱色,如氧化铝吸附色谱柱。

(4)趁热过滤

待重结晶固体经溶解、脱色后,要进行过滤,以除去吸附了有色杂质的活性炭和不溶解的固体杂质。为了避免在过滤时溶液冷却析出结晶,造成操作困难和损失,应趁热尽快完成操作。通常采用趁热抽滤。

(5)结晶

将热溶液迅速冷却并剧烈搅动后,可得到很细小的结晶,细小结晶包含杂质很少,但由于表面积大,吸附在表面上的杂质较多。若将热溶液在室温或保温静置使其缓慢冷却,析出的晶粒较大,往往有母液或杂质包在晶体内。因此,当发现大晶体开始形成时,轻轻摇动使其形成较均匀的小晶体。为使结晶更完全,可使用冰水冷却。

如果溶液冷却后仍不结晶,可采用以下方法促使晶核的形成。

① 用玻璃棒摩擦器壁,以形成粗糙面或玻璃小点作为晶核,使溶质分子呈定向排列,促使晶体析出。

② 加入少量该溶质的晶体，这种操作称为"接种"或"种晶"。

③ 也可将过饱和溶液置于冰箱内较长时间，亦可析出结晶。

（6）抽滤

把结晶从母液中分离出来，一般采用布氏漏斗进行抽气过滤（简称抽滤，又叫减压过滤），其操作方法见 2.5.2 节。

（7）结晶的干燥、称重与测定熔点

减压过滤后得到的结晶，其表面还吸附有少量溶剂，根据所用溶剂和结晶的性质，可采用自然晾干、红外线干燥、真空恒温干燥或在烘箱内加热等方法干燥。充分干燥后的结晶，称其质量，计算回收率，最后测其熔点。若纯度不符合要求，可重复重结晶操作，直至与熔点吻合为止。

2.5.2 过滤

影响过滤的因素较多，如溶液的温度、黏度，过滤时的压力，过滤器的空隙大小等。升高温度有利于过滤；通常热溶液黏度小，有利于过滤；减压过滤因形成负压有利于过滤；过滤器空隙的大小应根据沉淀颗粒的大小和状态来确定。空隙太大易透过沉淀，空隙太小易被沉淀堵塞，使过滤困难。若沉淀是胶体，可通过加热破坏胶体，有利于过滤。

常用的过滤方法有常压过滤、减压过滤等。

（1）常压过滤

常压过滤使用的器具为漏斗和滤纸。

① 漏斗　漏斗有玻璃质和瓷质两种。玻璃漏斗有长颈和短颈两种类型。长颈漏斗用于重量分析，短颈漏斗用于热过滤。长颈漏斗的直径一般为 3～5mm，颈长为 15～20cm。锥体角度为 60°，颈口处呈 45°（见图 2-8）。

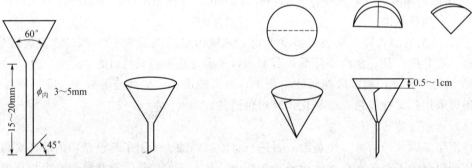

图 2-8　漏斗　　　　　　　　　图 2-9　滤纸的折叠和安放

② 滤纸　滤纸按用途不同可分为定性滤纸和定量滤纸。定性滤纸灼烧后的灰分较多，常用于定性实验；定量滤纸的灰分很少，一般灼烧后的灰分低于 0.1mg，低于分析天平的感量，又称无灰滤纸，常用于定量分析。按过滤速度和分离的性能不同，分为快速、中速和慢速三种。例如，$BaSO_4$ 为细晶形沉淀，常用慢速滤纸；NH_4MgPO_4 为粗晶形沉淀，常用中速滤纸，而 $Fe_2O_3 \cdot nH_2O$ 为胶状沉淀，需用快速滤纸。按滤纸直径的大小，分为 9cm、11cm、12.5cm 和 15cm 等几种。通常根据沉淀量的多少选择滤纸，沉淀一般不超过滤纸锥体的 1/3。滤纸的大小还要根据漏斗的大小来确定，一般滤纸上沿应低于漏斗上沿 0.5～1cm。使用时，将手洗净擦干后按四折法把滤纸折成圆锥形（见图 2-9）。滤纸的折叠方法是

将滤纸对折后再对折,这时不要压紧,打开成圆锥体,放入漏斗,滤纸三层的一边放在漏斗颈口短的一边。如果上边沿与漏斗不十分密合,可稍微改变滤纸的折叠角度,直到滤纸上沿与漏斗完全密合为止(三层与一层之间处应与漏斗完全密合),下部与漏斗内壁形成缝。此时把第二次的折边压紧(不要用手指在滤纸上来回拉,以免滤纸破裂造成沉淀透过)。为使滤纸和漏斗贴紧而无气泡,将三层滤纸的外层折角处撕下一小块,撕下的滤纸放在干燥、洁净的表面皿上,以便需用时擦拭沾在烧杯口外或漏斗壁上少量残留的沉淀。

将滤纸放好后,用手指按紧三层的一边,用少量水润湿滤纸,轻压滤纸赶出气泡,加水至滤纸边沿。这时漏斗颈内应全部充满水,形成水柱。若不形成水柱,可用手指堵住漏斗下口,稍掀起滤纸的一边,用洗瓶向滤纸与漏斗间的空隙处加水,直到漏斗颈和锥体充满水。然后按紧滤纸边,慢慢松开堵住下口的手指,此时即可形成水柱。若还没有水柱形成,可能是漏斗不干净或者是漏斗形状不规范,重新清洗或调换后再用。将准备好的漏斗放在漏斗架上,盖上表面玻璃,下接一洁净烧杯,烧杯内壁与漏斗出口尖处接触。漏斗位置放置的高低,根据滤液的多少,以漏斗颈下口不接触滤液为准。收集滤液的烧杯也要用表面皿盖好。

③ 过滤 过滤操作多采用倾析法。倾析法的主要优点是过滤开始时没有沉淀堵塞滤纸,使过滤速度加快,同时在烧杯中进行初步洗涤沉淀,比在滤纸上洗涤充分,可提高洗涤效果。

具体操作是待溶液中的沉淀沉降后,将玻璃棒从烧杯中慢慢取出,下端对着三层滤纸的一边,玻璃棒尽可能靠近滤纸但不接触滤纸为准(见图2-10)。将上清液倾入漏斗,液面不得超过滤纸高度的2/3,以免少量沉淀因毛细作用越过滤纸而损失。上清液倾析完后,用洗瓶加10~15mL洗涤液,并用玻璃棒搅匀,待沉淀后再用倾析法过滤,如此重复2~3次。当每次倾析停止时,小心把烧杯沿玻璃棒竖起,玻璃棒不离开烧杯嘴,待最后一滴溶液滴完后,将玻璃棒放入烧杯中,但不要靠在烧杯嘴处,因此处会沾有少量沉淀,然后将烧杯移离漏斗。把沉淀转移到漏斗中后,先用少量洗涤液冲洗玻璃棒和烧杯内壁上的沉淀,再把沉淀搅起,将悬浮液按上述方法转移到漏斗中。如此重复几次,使绝大部分沉淀转移到漏斗中。然后按图2-11方法将少量沉淀洗至漏斗中,即左手持烧杯倾斜拿在漏斗上方,烧杯嘴朝向漏斗。左手食指按住架在烧杯嘴上的玻璃棒上方,玻璃棒下端对着三层滤纸处,右手持洗瓶冲洗烧杯内壁上的沉淀,使洗液和沉淀一同流入漏斗中。

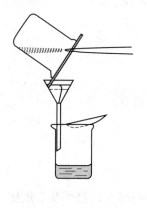

图 2-10 过滤   图 2-11 残留沉淀的转移   图 2-12 沉淀的洗涤

④ 沉淀的洗涤 将转移到漏斗中的沉淀进行洗涤,以除去沉淀表面吸附的杂质和残留的母液。其方法是,用洗瓶流出细小而缓慢的水流,从滤纸边沿稍下部位开始,向下按螺旋

形移动冲洗（见图 2-12）。不可将洗涤液突然冲到沉淀上，否则会造成损失。待洗液流完后，按"少量多次"的原则重复洗涤几次，达到除尽杂质的目的。最后用洗瓶冲洗漏斗颈下端的外壁，用洁净的试管接收少量滤液，选择灵敏的定性反应来检验是否将沉淀洗净（例如用硝酸银检验是否有氯离子存在）。

减压过滤介绍

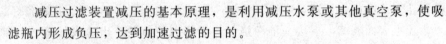

减压过滤操作

（2）减压过滤

减压过滤又称吸滤、抽滤或真空过滤。此法具有过滤速度快、沉淀内含溶剂少、易干燥等优点。但此法不适宜用于胶状沉淀和颗粒太细沉淀的过滤，因为胶状沉淀在减压过滤时易透过滤纸，而颗粒太细的沉淀抽滤时，在滤纸上形成一层密实的沉淀，使溶液不易透过，达不到减压过滤的目的。

减压过滤装置减压的基本原理，是利用减压水泵或其他真空泵，使吸滤瓶内形成负压，达到加速过滤的目的。

减压过滤操作步骤如下：

① 选择比漏斗内径略小，但能全部覆盖布氏漏斗小孔的滤纸放入布氏漏斗中。用少量溶剂润湿滤纸。

② 将布氏漏斗紧密连接在吸滤瓶上，插入吸滤瓶的橡皮塞不得超过塞子高度的 2/3，以免减压后难以拔出，一般插入 1/2～2/3。同时连接时注意布氏漏斗的斜口应正对着吸滤瓶的支管口。

③ 用橡胶管将吸滤瓶和真空泵连接，打开真空泵，使滤纸紧贴漏斗。

④ 向漏斗转移将要分离的母液与结晶，加入量不要超过漏斗总量的 2/3。母液抽干后，可用很少量的溶剂洗涤结晶表面残留的母液，这时抽气应暂时停止。洗涤时把少量溶剂均匀喷洒在晶体上面，用玻璃棒或不锈钢药匙松动晶体（注意不要捅破滤纸），使晶体润湿，再抽气，如此重复两次，最后可用干净的玻璃塞挤压晶体，把溶剂抽干。

⑤ 减压过滤完毕或中途停止时，先拔下连接在吸滤瓶上的橡皮管，或松开布氏漏斗，形成常压，以免水倒流入吸滤瓶内，然后关闭真空泵。

⑥ 取下布氏漏斗，将晶体与滤纸一起取出，放在干净的表面皿上，待干燥后轻敲滤纸，收集固体。滤液应从抽滤瓶的上口倾出，不要从支口倾出，以免沾污滤液。

实验2-4 乙酰苯胺的重结晶 ▶▶

【实验目的】

1. 了解重结晶法提纯的原理。

2. 掌握用水、单一溶剂重结晶固体有机物的基本操作。

【实验原理】

重结晶是提纯固体有机物常用的方法之一。

利用混合物中各组分在某种溶剂中溶解度的不同，或在同一溶剂中不同温度时的溶解度不同，而使它们相互分离。将固体化合物溶于所选择的溶剂中，加热成饱和溶液，趁热将溶液过滤，然后将滤液冷却使被提纯物质从过饱和溶液中重新析出，而让杂质全部或大部分仍留在母液中，用减压过滤将母液与结晶分开，结晶经洗涤、干燥后得到较纯化合物。回收率按如下方法计算。

$$回收率＝\frac{产品质量}{试样质量}×100\%$$

【仪器与试剂】

仪器：分析天平、循环水真空泵、称量瓶、抽滤瓶、布氏漏斗、热源、滤纸、表面皿。
试剂：乙酰苯胺（或苯甲酸）、活性炭。

【实验内容】

1. 制备热溶液

称取 2g 乙酰苯胺（或苯甲酸），放入 150mL 烧杯中，加入适量（约 30mL）蒸馏水和两粒沸石，盖上表面皿。在热源上加热至乙酰苯胺（或苯甲酸）溶解。若不溶解，可适量添加少量热水（每次加入 2～3mL），搅拌并加热至接近沸腾，使乙酰苯胺（或苯甲酸）溶解，若未见不溶物消失，则可能是不溶性杂质。移去热源，加入适量（0.1～0.2g）活性炭于溶液中，稍加搅拌后盖上表面皿，加热微沸 2～3min。

2. 趁热抽滤

事先将洗净的布氏漏斗和抽滤瓶放入烘箱加热（100℃），趁热安装抽滤装置（操作时戴手套，以免烫伤），布氏漏斗上放滤纸，用少量热水润湿，打开真空泵，将上述热溶液迅速倒入布氏漏斗中，用少量（1～2mL）热水洗涤烧杯，倒入布氏漏斗中。滤毕，趁热将抽滤瓶的滤液倒入干净烧杯中。注意：抽滤过程中，布氏漏斗和抽滤瓶保持温度 80℃ 以上，以免乙酰苯胺（苯甲酸）析出，影响回收率。

3. 结晶的析出、分离

所得滤液在室温下放置，自然冷却析出晶体（此时最好不在冷水中速冷，否则晶体太细，易吸附杂质）。此时如不析出结晶，可用玻璃棒摩擦容器壁引发结晶。如只有油状物而无结晶，则需重新加热，待澄清后结晶。

在已准备好的抽滤装置上，用布氏漏斗进行抽滤（减压过滤），并用少量（1～2mL）冷水洗涤结晶，以除去附着在结晶表面的母液。洗涤时应先停止抽滤，然后加水洗涤，再抽滤。

4. 称量、计算回收率

晶体放在表面皿上，晾干或烘干，称量。计算回收率。

 【思考题】

1. 重结晶的理想溶剂应具备哪些条件？
2. 重结晶时，溶剂为什么用得不要太多或太少？
3. 用活性炭脱色时，为什么要在被纯化固体完全溶解后加入？为什么不能在沸腾时加入？
4. 样品液为什么要趁热抽滤？

2.6 升华

升华是提取固态有机化合物的方法之一。某些物质在固态时具有相当高的蒸气压，当加热时，不经过液态直接气化，蒸气受冷后又变成固态，这个过程叫作升华。利用升华的方法提纯物质，可除去不挥发性杂质，或分离不同挥发性的固体混合物，得到产品的纯度较高。升华的操作时间较长，损失也较大，通常在实验室中仅用升华来提纯少量（1～2g）的固体物质。通常对称性较高的固体物质，具有较高的熔点，且在熔点温度以下具有较高的蒸气压，易于用升华来提纯。

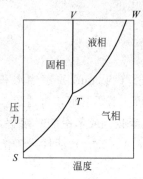

图 2-13　物质三相平衡曲线

为了深入了解升华的原理，控制升华的条件，就必须研究固、液、气三相平衡（见图 2-13）。

图中 ST 表示固相与气相平衡时固相的蒸气压曲线。TW 是液相与气相平衡时液相的蒸气压曲线。TV 是固相与液相的平衡曲线，此曲线与其他两曲线相交点 T 为三相点，在这一温度和压力下，固、液、气三相处于平衡状态，即三相同时并存。不同物质在固-液平衡状态时的温度与压力不同。纯净物质的真正熔点是固-液两相在大气压下处于平衡状态的温度。但在三相点 T 的压力是固、液、气三相处于平衡状态的蒸气压，所以三相点的温度和真正的熔点有差别。然而这种差别极小，通常只有几分之一摄氏度，因此在一定压力下，TV 曲线偏离垂直方向很小。

在三相点以下，物质只有气、固两相。若温度降低，蒸气就不再经过液态而直接变为固态。所以，一般的升华操作在三相点以下进行。如果某物质在三相点温度以下的蒸气压很高，则气化速率很大，这样就很容易从固态直接变为蒸气，则此物质蒸气压随温度降低而下降，稍微降低温度，即可由蒸气直接变为固体，此物质就较容易用升华方法进行纯化。

例如六氯乙烷（三相点温度 186℃，压力 104kPa）在 185℃时蒸气压已达 101.3kPa，因而在低于 186℃时就可完全由固相直接挥发成蒸气，中间不经过液态阶段。樟脑（三相点温度 179℃，压力 49.3kPa）在 160℃时蒸气压为 29.1kPa，未达熔点时已有相当高的蒸气压，只要缓慢加热，使温度低于 179℃时，即可升华。蒸气遇到冷的表面就凝结成固体，这样蒸气压可始终维持在 49.3kPa 以下，直至升华完毕。像樟脑这样的固体物质，其三相点平衡蒸气压低于 101.3kPa。若加热过快，使蒸气压超过三相点平衡蒸气压，这时固体就会熔化。若继续加热到 101.3kPa 时，液体就开始沸腾。

有些物质在三相点时的平衡蒸气压较低。例如苯甲酸（熔点 122℃，蒸气压 0.8kPa）、萘（熔点 80℃，蒸气压 0.93kPa）。若用一般升华的方法，就得不到满意的回收率。为了提高升华的收率，可采用减压升华的方法。除此之外，也可将物质加热至熔点以上，使其具有较高的蒸气压，同时通入空气或惰性气体带出蒸气，使蒸发速度增大，并可降低被纯化物质的分压，使蒸气直接变为固体。

（1）常压升华

常用的升华装置如图 2-14(a) 所示。首先将升华物质粉碎，平铺在表面皿上，上面覆盖一张刺有小孔的滤纸，然后将大小合适的玻璃漏斗盖在上面，漏斗的径口塞脱脂棉团或玻璃毛，减少蒸气逸出。在石棉网上缓慢加热蒸发皿（最好用沙浴或其他热浴），小心调节火焰，使浴温低于被升华物质的熔点，使其慢慢升华。蒸气通过滤纸上的小孔上升，冷凝在滤纸或漏斗壁上。必要时外壁可用湿布冷却。

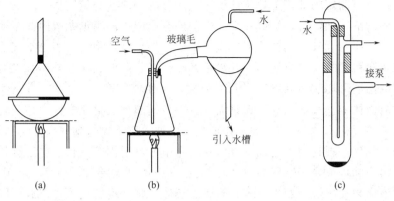

图 2-14 几种升华装置

在空气或惰性气流中进行升华的装置如图 2-14(b) 所示。在锥形瓶上配二孔塞，一孔插入玻璃管导入空气；另一孔插入接液管，接液管的另一端伸入圆底烧瓶中，烧瓶口塞一些棉花或玻璃毛。当物质开始升华时，通入空气或惰性气体，带出的升华物质，遇到冷水冷却的烧瓶壁就凝结在壁上。

（2）减压升华

减压升华装置如图 2-14(c) 所示。把升华物质放入吸滤瓶中，将装有指形冷凝管的橡皮塞塞紧管口，利用水泵或油泵减压，将吸滤管浸在水浴或油浴中缓慢加热，使之升华，升华物质冷凝在指形冷凝管的表面。

2.7 蒸馏

蒸馏是化学实验室中常用的分离和提纯液态有机化合物的方法之一。通过蒸馏法还可以测定化合物的沸点（常量法）。

2.7.1 蒸馏原理

蒸馏是将液体化合物加热到沸腾，使之变为蒸气，然后将蒸气冷却再变为液体，这两个过程的联合操作。蒸馏一般用于下列几个方面。

蒸馏介绍

① 分离液体混合物：蒸馏沸点不同的液体混合物，沸点低的组分先蒸出来，沸点高的组分后蒸出来，不挥发组分则留在容器中。这样即可以达到分离和提纯的目的。但液体混合物各组分沸点相差较大（沸点至少相差 30℃）才能达到较好的分离效果。如果液体混合物各组分沸点比较接近，各组分的蒸气将同时蒸出，难以达到提纯和分离的目的，应采用分馏将其分离（参看 2.9 节）。

蒸馏操作

② 测定化合物的沸点：沸点是液体化合物的蒸气压与外界压力（101.325kPa）相等时的温度。纯液态化合物在蒸馏过程中沸点范围很小（0.5～1℃），所以可用蒸馏来测定沸点。用蒸馏法测定沸点的方法叫常量法，此法样品用量较大，需 10mL 以上，若样品少于 10mL，可采用微量法测定。

③ 回收溶剂，或蒸出部分溶剂以浓缩溶液。

④ 检验液体化合物的纯度，但需注意的是某些化合物能和其他组分形成二元或三元恒沸混合物，它们也有固定的沸点，故不能说沸点一定的物质就是纯物质。

将蒸馏瓶中的液体加热时，溶解在液体内部的空气或以薄膜形式吸附在瓶壁上的空气有助于气泡的形成，作为大气泡的核心形成汽化中心。如果液体中有许多小空气泡或其他汽化中心，液体即可平稳沸腾。如果液体中几乎不存在空气，瓶壁又非常洁净和光滑，形成气泡很困难，液体的温度可能超过沸点很多而不沸腾，这种现象称为"过热"。一旦有一个气泡形成，由于此时液体的蒸气压已远远超过大气压力，气泡增大得非常快，甚至将液体冲出瓶外，这种不正常沸腾称为"暴沸"。因而在加热前应加入助沸物（如碎瓷片、沸石等）。除此之外，还可加入几根一端封闭的毛细管以引入汽化中心（毛细管的长度应足够长，开口一端向下放入，封口一端可放在蒸馏瓶的颈部）。接近沸腾或开始沸腾的液体遇到止爆剂会发生猛烈的暴沸，液体易喷出蒸馏瓶口，若是易燃的液体，将会引起火灾等事故。因此如果在加热前忘记加入助沸物，必须停火，待液体冷至沸点以下后才能补加。加热前加入的助沸物在加热时逐出了部分空气，在停火冷却后吸附了液体，助沸物会失活，因此因某种原因实验被迫中断，排除故障后，在加热前必须重新补加助沸物。

2.7.2 蒸馏装置

（1）仪器及其选择

常用的常压蒸馏装置由蒸馏瓶、蒸馏头、温度计、冷凝管、接液管和接收瓶组成，如图2-15所示。

① 蒸馏瓶 待蒸馏液体在蒸馏烧瓶内受热汽化，蒸气经蒸馏头支管进入冷凝管。根据被蒸馏液体的体积选择大小合适的蒸馏瓶。通常待蒸馏液体应占蒸馏烧瓶容积 $1/3 \sim 2/3$。

② 蒸馏头 蒸馏头与蒸馏烧瓶连接，如果大小不一，应借助于接头连接。

③ 温度计 应根据蒸馏液的沸点高低选用合适的温度计。

④ 冷凝管 冷凝管为一双层玻璃套管。冷凝水由冷凝管的下口进入双套管中间一层，经橡胶管排入水槽，冷凝管出水口应朝上，以使冷凝管充满水。经加热汽化后的蒸气进入冷凝管，被逆流相遇的水冷凝为液体。蒸馏液体的沸点在 $140℃$ 以下时，用直形冷凝管冷凝；沸点在 $140℃$ 以上时，由于温差较大，冷凝管易炸裂，应采用空气冷凝管。液体沸点很低时，可采用蛇形冷凝管。冷凝管的类型如图 1-2 所示。

⑤ 接液管和接收瓶 接液管和接收瓶组成接收器。接收瓶常用锥形瓶，接收器应与大气相通，否则加热后会造成爆炸事故。如果蒸馏毒性较大的物质，以免少量没有完全冷凝的毒性气体排入室内，应采用带有支管的接液管，在接液管上接一橡胶管，引入室外或水槽内。

（2）仪器的安装

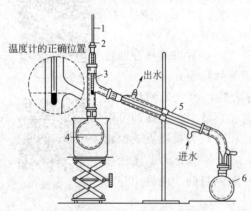

图 2-15 常用蒸馏装置
1—温度计；2—温度计套；3—蒸馏头；
4—蒸馏烧瓶；5—冷凝管；6—接液瓶

按蒸馏装置图2-15安装仪器。仪器安装的原则是从热源开始，从下到上，从左到右（或从右到左）的顺序。

① 根据热源高度固定铁架台上铁圈（或三脚架）的位置，其高度以加热时灯外焰能燃及石棉网（或水浴锅底、油浴锅底）为宜，然后安装蒸馏烧瓶。瓶底应距石棉网 $1\sim2mm$，不要触及石棉网。用水浴或油浴时，瓶底应距水浴（或油浴）锅底 $1\sim2cm$，蒸馏瓶用铁夹垂直夹稳。

② 安装冷凝管时，使冷凝管的中心线与蒸馏头侧管的中心线成一直线，方可将蒸馏瓶、蒸馏头、冷凝管紧密连接起来。连接好后，用铁夹夹住冷凝管的中间部位，铁夹夹得松紧要适宜，以夹住后稍用力尚能转动为宜。完好的铁夹应用剪好的橡胶管套上，以免铁夹与玻璃仪器直接接触夹破仪器。

③ 温度计水银球的上沿应和蒸馏头侧管的下沿处在同一水平线上，使水银球完全为蒸气所包围，才能正确地测得流出液的温度。

④ 冷凝管出口处连接接液管，用锥形瓶或圆底烧瓶接收馏出液。需要时接液瓶应事先称重并做好记录。

安装蒸馏装置要正确端正，横平竖直。装好的仪器装置不论从正面或侧面观察，各个仪器的中心线都在一条直线上。

2.7.3　蒸馏操作

加热前，将橡胶管与冷凝管连接好，再将连接进水口的橡胶管与水龙头相连，连接出水口的橡胶管伸入水槽，慢慢打开水龙头通入冷水，然后加热（若沸点太低，不能用明火直接加热）。加热时可以看见蒸馏烧瓶中液体逐渐沸腾，蒸气逐渐上升，温度计的读数也略有上升。当蒸气的顶端达到温度计水银球的部位时，温度计的读数就急剧上升。这时应控制热源，调节蒸馏速度，一般要求蒸馏速度为 $1\sim2$ 滴/s。在蒸馏过程中，应使温度计水银球被冷凝的液滴润湿，此时温度计的读数就是流出液的沸点。收集所需温度范围内的流出液。蒸馏时加热的火焰不能太大，否则会在蒸馏瓶的颈部造成过热现象，使一部分液体的蒸气直接受到火焰的热量，导致由温度计读得的沸点会偏高。但蒸馏也不能进行得太慢，否则由于蒸气不能将温度计的水银球充分润湿，使由温度计上读得的沸点偏低或不规则。

如果维持原来加热程度，不再有馏出液蒸出，温度计的水银柱突然下降时，表明该馏分已全部蒸出，即可停止蒸馏。在任何情况下（即使温度仍然稳定），也不能将液体蒸干，以免蒸馏烧瓶破裂或发生其他意外事故。

蒸馏完毕，应先停止加热，待稍冷后停止通冷凝水。拆除仪器的顺序与安装时相反。

实验2-5 **工业乙醇的蒸馏** ▶▶

【实验目的】

1. 了解蒸馏的原理及意义。

2. 掌握蒸馏的仪器装置及操作方法。

【仪器与试剂】

仪器：圆底烧瓶（50mL）、锥形瓶（50mL）、蒸馏头、接液管、直形冷凝管、温度计

（150℃）、量筒（10mL）、乳胶管、沸石和热源。

试剂：工业乙醇。

【实验内容】

1. 按图 2-15 安装仪器装置，检查各仪器之间的连接是否紧密。

2. 取下带有塞子的温度计，用量筒取 20mL 工业乙醇溶液，使用漏斗倾入或沿着面对蒸馏头支管口的瓶颈壁小心地倾入 50mL 圆底烧瓶中，再加入 2～3 粒沸石（或素瓷片），塞好温度计。

3. 通入冷凝水后，可开始加热，开始时调节热源，加热温度高些。液体开始沸腾后，蒸气缓慢上升，温度计读数上升，当蒸气包围温度计水银球时，温度计读数急速上升，此时调节热源缓慢加热，使温度计水银球上始终保持液滴，并与周围蒸气达平衡，此时的温度即为乙醇的沸点。蒸馏过程中流出液滴的速度以 1～2 滴/s 为宜。分别收集 77℃ 以下的馏分和 77～79℃ 的馏分。在保持原加热速度的情况下，不再有馏出液，温度突然下降时，应停止加热。注意不能把蒸馏瓶内液体蒸干，以免发生意外事故。

4. 拆卸仪器

蒸馏结束，先停止加热，后停止通水。拆卸仪器顺序与安装时相反，洗净仪器，收好。

【思考题】

1. 蒸馏装置由哪几部分组成？为了取得良好的效果及安全需要，操作时应注意什么？

2. 蒸馏时温度计水银球应插至什么位置？为什么？

3. 冷凝水应从何方进出？为什么？

4. 怎样防止蒸馏过程中发生暴沸现象？如加热后才发现未加入沸石，应该怎样处理才安全？用过的沸石能否继续使用？

5. 安装和拆卸装置的顺序各是什么？

2.8 减压蒸馏

减压蒸馏是分离和提纯液体有机化合物常用的方法之一。它特别适用于在常压下进行蒸馏时未达到沸点之前发生分解、氧化或聚合的一些沸点较高的有机化合物的分离提纯。

2.8.1 减压蒸馏原理

液体物质的蒸气压与外界大气压相等时的温度即为沸点。因此液体物质的沸点与大气压力有关，随大气压力的变化而改变。若用真空泵与蒸馏装置连接，使蒸馏系统内的压力降低，沸点也随之降低。这种在较低压力下的蒸馏称为减压蒸馏。

许多高沸点液体有机化合物的蒸气压降至 2.666kPa 时，其沸点比常压（101.325kPa）下的沸点低 80～120℃；当减压蒸馏在 1.333～3.332kPa 进行时，大体上压力相差 0.1333kPa，沸点相约 1℃。也可以根据"压力-温度关系图"（见图 2-16）近似推算出另一压力下的沸点。这些对减压蒸馏的具体操作和选择合适的温度计具有一定的参考价值。某些有机化合物在常压和不同压力下的沸点见表 2-2。

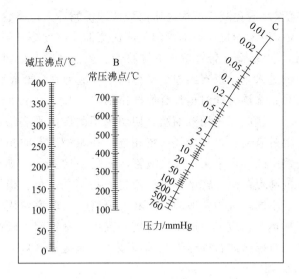

图 2-16 液体在常压下的沸点与减压下的
沸点的近似关系 （1mmHg＝133.3Pa）

表 2-2 某些有机化合物在常压和不同压力下的沸点（℃）

压力/Pa	化合物					
	水	氯苯	苯甲醛	水杨酸乙酯	甘油	蒽
101325	100	132	179	234	290	354
6665	38	54	95	139	204	225
3999	30	43	84	127	192	207
3332	26	39	79	124	188	201
2666	22	34.5	75	119	182	194
1999	17.5	29	69	113	175	186
1333	11	22	62	105	167	175
666	1	10	50	95	156	159

2.8.2 实验装置

常用的减压蒸馏装置由蒸馏、抽气以及在它们之间的保护和测压装置三部分组成，如图 2-17所示。

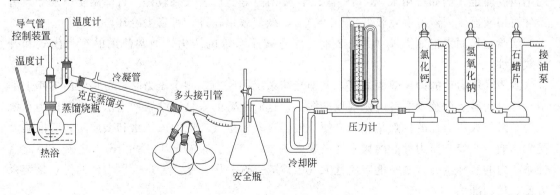

图 2-17 减压蒸馏装置

（1）蒸馏部分

蒸馏部分由蒸馏烧瓶、克氏（Claisen）蒸馏头、冷凝管、接液管和接收瓶组成。克氏蒸馏头有两个颈，其优点是避免减压蒸馏时瓶内液体因沸腾冲入冷凝管中。其中一颈口插入温度计，另一颈口插入一根末端拉成毛细管的长度比蒸馏头高度略长的厚壁玻璃管，毛细管的末端距瓶底 1～2mm，上端套一带螺旋夹的橡胶管。减压蒸馏时，调节螺旋夹，控制空气

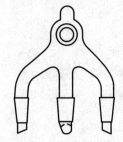

图 2-18　多头接液管

的进入量，以冒出连续平稳的小气泡为宜，形成液体沸腾的汽化中心，防止暴沸，同时也具有搅拌作用。

接收瓶可用蒸馏瓶，切勿用不耐压的平底烧瓶或锥形瓶。接液管要带有支管，与抽气系统相连。在蒸馏时若收集不同馏分，为不使蒸馏中断，可采用多头接液管，如图 2-18 所示。蒸馏时，根据不同馏分的沸点范围，转动多尾接液管收集不同馏分。根据蒸馏液体物质的沸点不同，选用合适的热浴和冷凝管。实验室常用水浴和油浴，若用电加热套，应采用调压装置控制温度。蒸馏沸点较高的物质时，最好使用石棉布或石棉绳将克氏蒸馏头包裹起来，以减少散热，控制热浴的温度比液体的沸点高 20～30℃。

（2）抽气（减压）部分

实验室常用水泵或油泵进行减压。水泵有玻璃和金属质两种。若不需要很低的压力可采用水泵。若水泵的质量好且水压又高时，理论上可减压至相应水温下的水蒸气压。例如，水温在 25℃、20℃、10℃时，水蒸气压分别为 3192Pa、2394Pa、1197Pa。用水泵减压时，应在水泵前装安全瓶，以防水压下降时水倒吸。目前使用较多的是水循环泵。若需要很低的压力，则采用油泵。油泵的效能取决于油泵的机械结构和油的质量，优质油泵可减压至13.3Pa。若蒸馏挥发性较大的有机物质，易被油吸收，蒸气压增大，降低减压效能；若有酸性蒸气，易腐蚀油泵；若有水蒸气，被油乳化，降低油质，破坏油泵的正常工作。因此，使用油泵时，必须注意油泵的养护。

（3）保护及测压部分

使用油泵减压时，为了防止易挥发的有机溶剂、酸性物质和水蒸气进入油泵，必须在接液管和油泵之间顺次安装安全瓶、冷却阱、压力计和吸收塔。安全瓶上装有二通活塞，通过旋转活塞放气，调节系统压力，防止倒吸。

冷却阱的构造如图 2-19 所示。将冷却阱置于装有冷却剂的广口保温瓶中。冷却剂的选用随温度而定，例如可用水-冰、冰-盐、干冰-丙酮等。后者效果较好，可降温至−78℃。有条件可用液氮，因液氮沸点较低（−196℃），冷却效果较好，可省去冷却塔。

实验室采用水银压力计（见图 2-20）测量减压系统的压力，通常使用的有封闭式和开口式两种。

封闭式压力计的两臂液面高度之差即蒸馏系统的压力。测定压力时，可将管后木座上的滑动标尺的零点调整到右臂的汞柱顶端线上，这时左臂的汞柱顶端线所指示的刻度即为系统压力。封闭式压力计的优点是轻巧方便，但若有残留空气，或引入了水和杂质时，其准确度受到影响。开口式压力计的两臂汞柱高度之差 Δh，即为大气压力与系统压力之差。因此蒸馏系统内的实际压力（真空度）应是大气压力减去这一压力差。开口式压力计的优点是装汞方便，比较准确。

吸收塔内通常分别装有无水氯化钙或硅胶（用于吸收经过冷却阱尚未除净的残余水蒸气）、氢氧化钠（用于吸收酸性蒸气）和石蜡（用于吸收烃类气体）。若蒸气中含有碱性蒸气或有机溶剂蒸气，则要增加吸收这些气体的吸收塔。

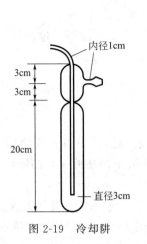

图 2-19　冷却阱

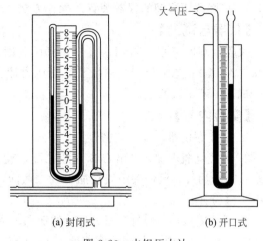

(a) 封闭式　　　(b) 开口式

图 2-20　水银压力计

2.8.3　实验操作

被蒸馏物中，如含有低沸点物质时，应先进行普通蒸馏，蒸去低沸点物质，然后再进行减压蒸馏，收集高沸点物质。

① 在蒸馏瓶中加入待蒸馏液体（不超过容积的 1/2）。按图 2-17 安装减压蒸馏装置。首先打开安全瓶上的活塞，旋紧克氏蒸馏头上毛细管的螺旋夹，然后开泵抽气，并逐渐关闭活塞，观察能否达到要求的真空度。如果因漏气达不到所需真空度，检查各部位的接口处和橡胶管的连接是否紧密，进行调整。必要时可用熔融的固体石蜡密封，密封时应解除减压，石蜡不能涂得太多，以免污染。若真空度太大，可小心旋转活塞，使空气慢慢进入，调节至所需真空度。调节螺旋夹，使液体中有连续平稳的小气泡进入。

② 达到所需真空度后，开启冷凝水，选用合适的热浴加热蒸馏。热浴的温度一般较液体的沸点高 20～30℃。液体沸腾时，始终观察温度计和真空度的读数，若有变化，应调节热源和毛细管上的螺旋夹，使蒸馏速度为 1～2 滴/s。待达到所需沸点时，需调换接收瓶。此时移去热源，取下热浴，稍冷后，缓慢打开安全瓶活塞。否则，汞柱急剧上升，有冲破压力计的危险。然后松开毛细管上的螺旋夹，切断电源，取下接收瓶，装上另一洁净的接收瓶，重复前述操作。若用多头接液管，只需转动接液管的位置，即可继续接收其他馏分。

③ 蒸馏完毕，移去热源，取下热浴，稍冷后，缓慢打开安全瓶活塞，缓慢解除真空，待体系内外的压力平衡后方可关闭油泵。否则，由于体系内的压力较低，油泵中的油就有可能吸入干燥塔内。

实验2-6 苯甲酸乙酯的减压蒸馏

【实验目的】

1. 了解减压蒸馏的原理及意义。

2. 掌握减压蒸馏的仪器装置及操作方法。

【仪器与试剂】

仪器：圆底烧瓶（50mL）2个、克氏蒸馏头、接液管、直形冷凝管、温度计（150℃）、量筒（20mL）、电加热套、油泵、U形压力计、安全瓶。

试剂：苯甲酸乙酯。

【实验内容】

1. 安装好仪器，检查气密性。

2. 圆底烧瓶中加入20mL苯甲酸乙酯，旋紧毛细管上的螺旋夹，打开安全瓶上的二通活塞，开始抽气。缓慢关闭安全瓶上的二通活塞，调节毛细管上的螺旋夹，使液体中冒出一连串小泡为宜。

3. 通冷凝水，缓慢打开压力计上的活塞，调节安全瓶上的二通活塞，使压力读数为1.3～2.7kPa，用水浴加热，控制蒸馏速度为1～2滴/s，当蒸出速度稳定时记录压力和沸点。

4. 蒸馏结束后，先移去热源，旋开毛细管上的螺旋夹，再慢慢打开安全瓶上的活塞，待系统内外的压力达到平衡后，关闭压力计上的活塞，关闭油泵。

 【思考题】

1. 具有什么性质的化合物才用减压蒸馏？
2. 减压蒸馏时应注意什么问题？
3. 进行减压蒸馏时为什么必须用热浴，而不能用明火？为什么必须先抽气后加热？
4. 使用油泵时要注意哪些事项？要有哪些吸收和保护装置？其作用是什么？
5. 如何停止减压蒸馏？为什么？

2.9 水蒸气蒸馏

水蒸气蒸馏是分离和提纯液态或固态有机化合物的常用方法之一。常用在下列几种情况：某些沸点高的有机化合物，在常压下蒸馏时，其结构易被破坏；混合物中含有大量树脂状杂质或不挥发性杂质，采用蒸馏、萃取等方法都难以分离；从较多固体反应物中分离出被吸附的液体。

被提纯物质必须具备以下几个条件：不溶或难溶于水；在100℃左右具有一定的蒸气压（一般不低于1.33kPa）；与水一起沸腾时，不发生化学反应。

2.9.1 实验原理

水蒸气蒸馏是将水蒸气通入不溶或难溶于水但有一定蒸气压的有机物中，使有机物在低于100℃温度下，随水蒸气一起蒸馏出来的过程。当不溶或难溶于水的物质与水一起共热时，根据道尔顿分压定律，整个体系的蒸气压应为各组分蒸气压之和。即

$$p = p_A + p_B \tag{2-1}$$

式中，p表示混合物中总蒸气压；p_A表示不溶或难溶于水的物质的蒸气压；p_B表示水的蒸气压。当混合物的总蒸气压与外界大气压相等时，这时的温度即为它们的沸点。此沸点必然低于任一组分的沸点。即该有机化合物在比其正常沸点低得多的温度下，而且在低于

100℃的温度下可与水一起蒸馏出来。

馏出液中有机物的质量与水的质量之比，等于两者的分压分别与各自相对分子质量的乘积之比，因此，馏出液中有机物与水的质量之比可按下式计算：

$$\frac{m_A}{m_B}=\frac{M_A p_A}{18 p_B}\tag{2-2}$$

式中，p_B可查手册得到；p_A可近似地用大气压与水蒸气压之差计算，即 $p_A = p_{大气} - p_B$，$p_{大气}$可由气压计读得。

以苯胺为例，其沸点为184.4℃，若将苯胺进行水蒸气蒸馏，混合物沸点为98.4℃，在此温度下，苯胺的蒸气分压为5.60kPa，水的蒸气分压为5.71kPa，苯胺的相对分子质量为78，所以，馏出液中苯胺与水的质量比是

$$\frac{m(C_6H_5NH_2)}{m(H_2O)}=\frac{93\times5.60}{18\times95.71}=\frac{1}{3.3}$$

即每蒸出3.3g水就能带出18g苯胺。上述计算为近似值，实际得到的有机物比理论值低，因为许多有机物在水中有一定的溶解度。

水蒸气蒸馏常用于下列几种情况：

① 在常压下蒸馏易发生分解的高沸点有机化合物；

② 含有较多固体混合物，而用一般蒸馏、萃取或过滤等方法又难以分离的物质；

③ 混合物中含有大量树脂状物质或不挥发性杂质，采用蒸馏或萃取方法难以分离的物质；

④ 从某些天然产物中提取有效成分。

2.9.2 水蒸气蒸馏装置

水蒸气蒸馏装置主要由水蒸气发生器、长颈圆底烧瓶、直形冷凝管和接收器组成（见图2-21）。

常用的水蒸气发生器由铁皮制成，其侧面装一玻璃管（液位管），与发生器内部相通，用于观察水位（见图2-22）。也可用1000mL长颈圆底烧瓶代替，水蒸气发生器内装水一般不超过其容积的3/4。

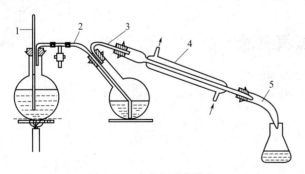

图2-21 水蒸气蒸馏装置　　　　　图2-22 金属制的水蒸气发生器
1—安全管；2—水蒸气导入管；3—水蒸气蒸馏
馏出液导出管；4—冷凝管；5—接液管

长颈圆底烧瓶口配一双孔软木塞，其中一孔插长1m左右，直径约5mm的玻璃管，作为安全管，玻璃管的下端接近瓶底。如果蒸汽压力太大或系统发生堵塞，水可沿玻璃管上

升，以调节压力，防止危险发生。若有堵塞，应拆下装置进行排除。另一孔插入一支弯成90°、内径约 8mm 的水蒸气导出管，与 T 形管相连。T 形管的支管套一短橡胶管，用螺旋夹夹住，T 形管的另一端与蒸汽导入管相连，这段水蒸气导入管要尽可能短，以减少水蒸气的冷凝。T 形管用于及时除去冷凝下来的水。若操作出现故障时，也可使其与大气相通，以便排除故障。

蒸馏瓶通常采用长颈圆底烧瓶，为防止瓶中液体冲入冷凝管而沾污馏出液，烧瓶以 45°放置。蒸馏瓶口配一双孔软木塞，一孔插入蒸汽导入管，蒸汽导入管一端应弯成 135°。尾端也弯曲，使之与台面垂直地正对瓶底中央并伸到接近瓶底，使水蒸气与被蒸馏物质充分接触，并起搅拌作用。另一孔插入弯成 30°的玻璃管，与冷凝管相连，馏出液通过接液管进入接液瓶。目前已有配套的磨口仪器，使用起来更方便。

2.9.3 实验操作

在水蒸气发生器中加入不超过容积 3/4 的水，然后将欲分离的物质（混合液或有少量水的固体物质）放入蒸馏瓶中（瓶内液体不超过其容积的 1/3），按图 2-21 安装仪器。打开 T 形管上的螺旋夹，加热水蒸气发生器，接近沸腾后夹紧 T 形管上的螺旋夹，使水蒸气均匀地进入蒸馏瓶，同时在冷凝管内通冷凝水。为不使蒸汽过多地在蒸馏瓶中冷凝下来，可在石棉网上用小火加热蒸馏瓶。控制加热速度，使蒸汽全部冷凝下来为宜。如果随水蒸气挥发的物质具有较高的熔点，冷凝后易析出固体，可暂时停止通冷凝水，甚至将冷凝水放掉，使固体熔融后流入接液瓶。当重新通冷凝水时，为避免冷凝管骤冷而炸裂，应缓慢通入。如果已经堵塞冷凝管，应立即停止蒸馏，进行疏通（用玻璃棒通出或用电吹风熔化固体，也可在冷凝管内注入热水）。当馏出液变得澄清透明，不再有油状物时，蒸馏即可结束。

蒸馏完毕或被迫中断时，必须先打开 T 形管上的螺旋夹与大气相通，方可停止加热，移去热源，否则会造成倒吸。

在 100℃左右蒸气压较低的化合物，可用过热蒸汽进行蒸馏。在 T 形管和发生器之间连一段铜管（螺旋形更好），用火加热铜管，形成过热蒸汽，提高蒸汽温度，同时烧瓶用油浴保温。

 实验2-7 乙酸正丁酯的水蒸气蒸馏 ▶▶

【实验目的】

1. 了解水蒸气蒸馏的原理及意义。

2. 掌握水蒸气蒸馏的仪器装置及操作方法。

【仪器与试剂】

仪器：水蒸气发生器、蒸馏烧瓶、安全管、T 形管、螺旋夹、导气管、冷凝管、接液管、锥形瓶、升降台、电炉、石棉网。

试剂：乙酸正丁酯。

【实验内容】

1. 在水蒸气发生器中加入约占其容积 2/3 的水，并加入 2～3 粒沸石。在蒸馏烧瓶中加入 20mL 乙酸正丁酯。

2. 按图 2-21 安装仪器。

3. 先打开 T 形管处的螺旋夹，加热水蒸气发生器至沸腾，当有大量水蒸气产生，从 T 形管中冲出时，立即旋紧螺旋夹，水蒸气进入蒸馏部分，开始蒸馏，控制蒸馏速度为 2～3 滴/s 为宜。要随时注意安全管中水柱的上升情况和烧瓶内的液体是否有倒吸现象。

4. 当馏出液澄清透明，不再有油状物时，即可停止蒸馏。方法是：先打开螺旋夹，然后停止加热。将馏出液倒入分液漏斗中，待分层后，分出有机层，置于锥形瓶中，加适量无水氯化钙干燥，振荡至透明，过滤后用量筒量出体积，计算产率。

 【思考题】

1. 进行水蒸气蒸馏时，蒸气导入管的末端为什么要插入到接近于蒸馏瓶的底部？

2. 在水蒸气蒸馏过程中，经常要检查什么事项？若安全管中的水位上升很高，说明什么问题？如何处理才能解决呢？

2.10 分馏

应用分馏柱将沸点比较接近的两种或两种以上能互溶的液体混合物，进行分离和纯化的过程叫作分馏。利用普通蒸馏分离，液体混合物的沸点至少要相差 30℃ 效果才较好，要完全分离，要求组分的沸点差达 110℃ 以上。沸点相差不大的液体混合物，气相中各组分的含量相差也不大，因此用一次蒸馏不能把它们分离，可采用多次反复蒸馏的方法，但太繁琐，损失又大，实际上很少使用。在实验室中常利用分馏，即将多次汽化、冷凝过程在一次操作中进行。这种方法既克服了多次蒸馏的繁琐，又可有效地分离沸点相近的混合物。

2.10.1 基本原理

能互溶的沸点相近的液体混合物受热汽化后，在分馏柱中受柱外空气的冷却，低沸点的组分上升，高沸点组分被冷凝下来。高沸点组分在下降时，与上升的蒸气进行热交换，高沸点组分又被冷凝下来，低沸点组分继续上升。在热交换中，上升蒸气中低沸点组分含量增多，而下降的冷凝液中高沸点组分增多。如此多次反复进行气、液两相的热交换，就达到了多次蒸馏的效果，使低沸点组分不断上升，进入冷凝管被蒸馏出来，高沸点组分不断流回蒸馏瓶，就能达到分离的目的。

2.10.2 实验装置

简单分馏装置与蒸馏基本相似，由蒸馏瓶、分馏柱、冷凝管和接收器组成，如图 2-23 所示。

分馏柱的种类很多，实验室中常用的分馏柱有填充式（又叫 Hempel）和刺形 [又叫韦氏 (Vigreux)] 分馏柱。填充式分馏柱是在柱内填充玻璃管、玻璃珠、陶瓷或螺旋形、马鞍形、网状等各种形状的金属片或金属丝等各种惰性材料，增加表面积，提高分离效率。使用填充式分馏柱时往往在分馏柱底部放一些玻璃丝，以防填料下坠入蒸馏容器中。韦氏分馏柱结构简单，较填充式沾附液体少，分离效率低。无论使用哪一种分馏柱，都要防止回流液体在柱内聚集，以免影响回流液体与上升蒸气的接触，甚至使上升蒸气把液体冲入冷凝管，形成"液泛"，降低分馏效率。

2.10.3 实验操作

将待分馏的液体混合物加入蒸馏瓶中，加入几粒沸石，按图 2-23 装好仪器，仔细检查仪器完好后进行加热。液体开始沸腾时，注意调节浴温，使蒸气缓慢升入分馏柱。当蒸气上升至柱顶时，温度计水银球即出现液滴。此时调小火焰，使蒸气仅升至柱顶而不进入冷凝管，维持 5min 左右，稍调大火焰，使馏出液流出，控制馏出速度为每 2～3 秒 1 滴。馏出速度太快，产品纯度不高，上升蒸气不平稳，馏出温度上下波动。当室温低或液体沸点高时，为减少柱内热量散失，可用石棉绳或石棉布将分馏柱包起来。待低馏分蒸完后，温度计的水银柱骤然下降。然后再慢慢升高温度，按各组分的沸点分馏出各组分。

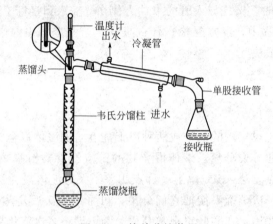

图 2-23 简单分馏装置

欲使实验顺利进行，得到较好的分馏效果，实验时应注意以下几点。

① 速度 分馏一定要缓慢进行，控制恒定的蒸馏速度。

② 回流比 选择合适的回流比（在单位时间内，由柱顶冷凝返回分馏柱中液体的量与馏出物的量之比），有足量的液体从分馏柱流回蒸馏瓶。

③ 柱的保温 必要时进行适当的保温，尽量减少分馏柱热量散失和波动，始终维持温度平衡。

实验2-8 甲醇和水的分馏

【实验目的】

1. 了解分馏的原理及意义。

2. 掌握分馏的仪器装置及操作方法。

【仪器与试剂】

仪器：100mL 圆底烧瓶、韦氏分馏柱、蒸馏头、带有塞子的温度计、冷凝管、接液管、接收瓶。

试剂：甲醇、蒸馏水。

【实验内容】

1. 在 100mL 圆底烧瓶中，加入 25mL 甲醇、25mL 水和几粒沸石。
2. 按图 2-23 安装仪器。
3. 用水浴缓慢加热，开始沸腾后控制蒸馏速度为每 2～3 秒 1 滴。分别收集 65℃、65～70℃、70～80℃、80～90℃、90～95℃ 的馏分，分别量出体积，以馏出液体积为横坐标，温度为纵坐标，绘制分馏曲线。

【思考题】

1. 分馏和蒸馏在原理和装置上有哪些异同？
2. 如果把分馏柱顶上温度计水银球的位置低于蒸馏头支管的下沿，行吗？为什么？
3. 在分离两种沸点接近的液体时，为什么使用填充式分馏柱效果更好？

2.11 萃取

萃取是化学实验中分离和提纯有机化合物常用的操作之一，利用物质在两种不相溶（或微溶）溶剂中溶解度或分配比的不同来达到分离、提取或纯化的目的。萃取的方法根据物质的状态不同，可分为从溶液中提取（液-液萃取）、从固体中提取（抽提、液-固萃取）和从混合物中去除杂质（洗涤）等。

2.11.1 实验原理

萃取原理可用对有机化合物 B 溶解性极好的溶剂 β 从含有有机化合物 B 的 α 溶液（溶剂 α 和 β 不互溶或微溶）中萃取 B 来说明。先把含有有机化合物 B 的 α 溶液放入分液漏斗中，加入溶剂 β，充分振荡。静置后，由于 α 和 β 不互溶，故分成两层。此时 B 在 α、β 两相间的浓度比为常数。也就是一定温度下，一种溶质分配在互不相溶的两种溶剂中的浓度比值为一常数，这种关系叫作分配定律，它可用下式来表达：

萃取介绍

萃取操作

$$K = \frac{c_B^\alpha}{c_B^\beta} \tag{2-3}$$

式中，K 为分配系数；c_B^α 为溶质 B 在溶剂 α 中的浓度；c_B^β 为溶质 B 在溶剂 β 中的浓度。

有机化合物在有机溶剂中的溶解度一般比在水中的溶解度大，所以可将它们从水溶液中萃取出来。但是除非分配系数极大，否则用一次萃取是不可能将全部有机化合物移入新的有机相中的。在萃取时，若在水溶液中先加入一定量的电解质（如氯化钠），利用所谓"盐析效应"，以降低有机化合物和萃取溶剂在水溶液中的溶解度，常可提高萃取效果。

当用一定量的溶剂从另一溶液中萃取有机化合物时，以一次萃取好还是多次萃取好？可利用下列推导来说明。设体积为 V_α 的溶液（α 相）中含有某质量为 m_0 的溶质，用另一种与 α 相不相溶的溶剂（β 相，又名萃取剂）进行一次或多次萃取，每次用量为 V_β。令 m_1 为经过一次萃取溶液（α 相）内剩余溶质的量。实验证明经 n 次萃取后，原溶液中剩余溶质的量 m_n 计算式为

一次萃取后：
$$m_1 = m_0 \frac{KV_\alpha}{KV_\alpha + V_\beta} \tag{2-4}$$

n 次萃取后：
$$m_n = m_0 \left(\frac{KV_\alpha}{KV_\alpha + V_\beta} \right)^n \tag{2-5}$$

当用一定量的溶剂萃取时，希望溶质的剩余量越少越好。由式（2-5）可以解出 $\frac{KV_\alpha}{KV_\alpha + V_\beta}$ 恒小于 1，所以 n 越大，m_n 越小，也就是说把溶剂分成 n 份做多次萃取比用全部量的溶剂做一次萃取为好。

例如：15℃时，辛二酸在水与乙醚中的分配系数 $K = 1/4$。若 4g 辛二酸溶于 50mL 水中，用 50mL 乙醚萃取，则萃取后辛二酸在水中的剩余量为

$$m_1 = 4g \times \frac{0.25 \times 50mL}{0.25 \times 50mL + 50mL} = 0.80g$$

萃取率为 $\frac{4g - 0.80g}{4g} \times 100\% = 80\%$

若用 50mL 乙醚分两次萃取，则萃取后辛二酸在水中的剩余量为

$$m_1 = 4g \times \left(\frac{0.25 \times 50mL}{0.25 \times 50mL + 50mL} \right)^2 = 0.16g$$

萃取率为 $\frac{4g - 0.16g}{4g} \times 100\% = 96\%$

此外，萃取效率还与萃取溶剂的性质有关。对溶剂的要求是纯度高、沸点低、毒性小，对待萃取物溶解度大，且与原溶剂不相溶。一般来讲，难溶于水的物质用石油醚等萃取；较易溶于水者用苯或乙醚萃取；易溶于水的物质用乙酸乙酯或类似溶剂萃取。例如，用乙醚萃取水中的草酸效果较差，若改用乙酸乙酯效果较好。

萃取次数取决于分配系数，为了提高萃取效率，减少溶质在萃取剂中的溶解量，一般为 3～5 次。萃取后将各次萃取液合并，加入适当的干燥剂干燥，然后蒸去溶剂，所得有机化合物视其性质可再用蒸馏、重结晶等方法进一步提纯。

2.11.2 实验操作

（1）液-液萃取

在实验室中，液-液萃取最常使用的萃取仪器为分液漏斗。常用的分液漏斗有球形、筒形和梨形三种，操作时应选择容积大于溶液 1～2 倍的分液漏斗。在使用分液漏斗前必须检查：分液漏斗顶端的玻璃塞和下端的活塞是否用细橡皮筋或线绑住？玻璃塞和活塞是否紧密？一般使用前应于漏斗中放入水振荡，检查活塞是否漏水，如有漏水现象，应取下活塞，擦干活塞及活塞孔道的内壁，在活塞孔两边薄薄地涂上一层凡士林（注意切勿涂太多，以免进入活塞孔中溶液下不来或沾污萃取液），塞好后再把活塞朝同一方向旋转至透明时，即可使用。然后将分液漏斗固定在铁圈中，关好活塞，将待萃取溶液和萃取溶剂依次自上口倒入分液漏斗中，塞紧塞子（注意塞子不能涂凡士林）。取下分液漏斗振荡。振荡时，先把分液漏斗倾斜，使上口略朝

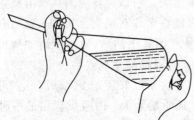
图 2-24 分液漏斗的振荡方法

下。以右手手掌顶住分液漏斗上口盖子,手指握住漏斗颈部。左手握住活塞处,大拇指和食指按住活塞柄,中指垫在活塞下边(见图 2-24)。然后,前后振摇,使两相液体充分接触。液体振摇时将漏斗稍倾斜,漏斗的活塞部分向上,这样便于从旋塞放气。在开始振荡时要慢,每振荡几次后,要将漏斗向上倾斜朝向无人处,打开活塞放出因溶剂挥发或反应产生的气体,使内外压力平衡。将活塞关闭再行振荡。如此重复至放气时只有很小压力后,再剧烈振摇 2~3min,然后将漏斗放在铁圈中静置。

待两层液体完全分开后,打开上面的玻璃塞,再将活塞缓缓旋开,放出下层液。分液时一定要尽可能分离干净,有时在两相间可能出现的一些絮状物也应同时放去。将上层液体从分液漏斗的上口倒出,不要由分液漏斗下口放出。

上述操作中的萃取是根据"分配定律"使化合物从溶液中被萃取出来。另外一类萃取剂的萃取原理是利用它能与被萃取物起化学反应。这种萃取通常用于从化合物中移去少量杂质或分离混合物,操作方法和上面所述的相同。常用的这种萃取方法有用碱性萃取剂如碳酸钠、碳酸氢钠从有机相中萃取有机酸或用酸性萃取剂如稀盐酸、稀硫酸从有机相中萃取有机碱;浓硫酸还可以从饱和烃中除去不饱和烃,从卤代烷中除去醇和醚等。

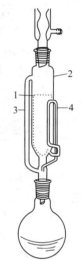

图 2-25　索氏
提取器
1—滤纸套;
2—提取器;
3—玻璃管;
4—虹吸管

在萃取时,常常会产生乳化现象,使两液相相界不清,难以分开,达不到萃取的目的,常用如下方法破乳:长时间静置、加入电解质或加入少量酸,也可根据产生乳化现象的具体原因采取相应的破乳方法。

(2)液-固萃取

液-固萃取是从固体中提取物质,通常用长期浸出法或使用索氏提取器(脂肪提取器)。由于前一种方法需要溶剂多,时间长,萃取效率低。实验室中常用索氏(Soxhlet)提取器进行液-固萃取。索氏提取器由烧瓶、抽提筒和回流冷凝管 3 部分组成,装置如图 2-25 所示。索氏提取器是利用溶剂的回流及虹吸原理,使固体物质每次都被纯的热溶剂所萃取,减少了溶剂用量,缩短了提取时间,因而效率较高。萃取前,应先将固体物质研细,以增加溶剂浸溶的面积。然后将研细的固体物质装入滤纸套 1 中,再置提取器 2 中。烧瓶内盛溶剂,加热时气态溶剂从玻璃管 3 上升至冷凝管,被冷凝为液体,滴入滤纸筒中,并浸泡筒内,当液面超过虹吸管 4 最高处时,即虹吸流回烧瓶,从而萃取出溶于溶剂的部分物质。如此多次重复,把要提取的物质富集于烧瓶内。提取液经浓缩后即得产物,必要时可用其他方法进一步纯化。

实验2-9 从苯甲酸水溶液中萃取苯甲酸　▶▶

【实验目的】

1. 了解萃取的原理、意义。

2. 掌握萃取的操作技术。

【仪器与试剂】

仪器:150mL 锥形瓶、10mL 移液管、滴定管、125mL 分液漏斗。

试剂：苯甲酸水溶液（0.02mol·L⁻¹）、0.02mol·L⁻¹NaOH 标准溶液、二氯甲烷、酚酞指示剂。

【实验内容】

1. 准确移取 50.00mL 苯甲酸水溶液于分液漏斗中，加入 10mL 二氯甲烷，振荡萃取苯甲酸，使液体分层，放出下层于锥形瓶中，加 2~3 滴酚酞指示剂，用已标定的 NaOH 标准溶液滴定。记录到达终点时消耗 NaOH 溶液的体积。将二氯甲烷倒入指定回收瓶内。

2. 另准确移取 50.00mL 苯甲酸水溶液于分液漏斗中，先用 5mL 二氯甲烷萃取一次，分去二氯甲烷层。水层再用 5mL 二氯甲烷萃取。将两次萃取后的水层倒入锥形瓶中，加入 2~3 滴酚酞指示剂，用 NaOH 标准溶液滴定。记录到达终点时消耗 NaOH 溶液的体积。

3. 计算萃取率

（1）用 10mL 二氯甲烷，萃取一次后留在水中的苯甲酸量及萃取率。

（2）每次用 5mL 二氯甲烷，萃取两次后留在水中的苯甲酸量及萃取率。

根据上述两种步骤所得数据，比较萃取苯甲酸的效率。

【思考题】

1. 影响萃取效率的因素有哪些？怎样才能选择合适的溶剂？

2. 用分液漏斗进行提取操作时，为什么要振荡混合液？使用分液漏斗时，要注意哪些事项？

2.12　色谱法

色谱法是分离、提纯和鉴定有机化合物的重要方法，在化学、生物学、医学、材料学等领域具有广泛的用途。早在 1903 年提出色谱法，首次成功地用于植物色素的分离之后，早期用此法来分离有色物质，将色素溶液流经装有吸附剂的柱子，结果在柱的不同高度显出不同颜色的色层，因此早期称之为色层分析，现在一般称为色谱法。色谱法的基本原理是利用混合物中各个组分的物理化学性质的差别，如在某一物质中吸附或溶解性能（分配）的不同，或其他作用性能的差异，使混合物的溶液流经该物质，进行反复的吸附或分配等作用，从而各个组分得到分离。色谱进行过程中，流动的混合物溶液称为流动相，固定的物质称为固定相，固定相可以是固体，也可以是液体。应用色谱法能否获得满意的分离效果主要取决于条件的选择。当选择某一个条件使各个成分流过支持剂或吸附剂时，各成分可由于其性质的不同而得到分离。色谱法根据操作条件的不同，可分为柱色谱、纸色谱、薄层色谱、气相色谱和高效液相色谱等类型。本书介绍其中的薄层色谱和柱色谱。

2.12.1　薄层色谱

薄层色谱（thin layer chromatography，TLC），也称为薄层层析，是应用非常广泛的一种微量、快速、简便的实验技术。它兼有柱色谱和纸色谱的优点，常用于分离、提纯和指示化学反应的完成程度等，也常用作柱色谱的先导。薄层色谱不仅适用于小量样品（1~100μg，甚至 0.01μg）的分离，也适用于较大量样品的精制（可达 500mg），特别适用于挥发性较小，或在较高温度下易发生变化而又不能用气相色谱法分离的化合物。

在玻璃片上均匀铺上一薄层固体就能制成最典型的薄层板，层析就在薄层板上进行，故也称为薄层层析。根据铺上薄层的固体的性质，薄层色谱可分为：吸附色谱，薄层由硅胶、氧化铝等吸附剂铺成；分配色谱，薄层由硅胶纤维素等支持剂铺成；离子交换色谱，薄层由含有离子交换基团的纤维素等铺成。以上3种薄层色谱中常用的是吸附色谱与分配色谱。

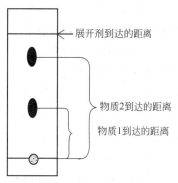

图 2-26 薄层色谱展开图

以薄层吸附色谱为例做以下介绍。将吸附剂（固定相）均匀地铺在一块玻璃板上形成薄层，待干燥活化后，将要分离的样品溶液点在薄层的一端，在封闭容器中用适宜的展开剂（流动相）展开。化合物的吸附能力与它们的极性成正比，具有较大极性的化合物吸附较强，具有较小极性的化合物吸附较弱。因此，当展开剂带着不同化合物流过吸附剂时，不同化合物在吸附剂和展开剂之间发生吸附-解吸附-再吸附-再解吸附的连续过程，易被吸附的物质化合物（极性较大的成分）相对移动得慢一些，而较难被吸附的化合物（极性较弱的成分）则相对移动得快一些。经过一段时间的展开，不同的物质便被彼此分开，最后形成互相分离的斑点，如图 2-26 所示。

（1）吸附剂

薄层色谱中常用的吸附剂是氧化铝和硅胶两种。

① 硅胶　常用的薄层色谱用硅胶为以下几种：硅胶 H，不含黏合剂和其他添加剂；硅胶 G，含煅石膏黏合剂（$3CaSO_4 \cdot H_2O$），G 代表石膏（gypsum）；硅胶 HF_{254}，含荧光物质，可用于波长 254nm 紫外线下观察荧光；硅胶 GF_{254}，同时含煅石膏和荧光物质。

② 氧化铝　与硅胶相似，氧化铝也根据含黏合剂或荧光剂而分为氧化铝 G、氧化铝 GF_{254}、氧化铝 HF_{254}。

黏合剂除了煅石膏外，实验室中常选用羧甲基纤维素钠（CMC），效果较好。浓度为 0.5%～1% 的 CMC 水溶液可供制作薄层板。要注意的是因 CMC 不易溶于水，称取之后，应先用少量水浸泡，配制的溶液经过滤后才能获得澄清溶液。

（2）薄层板的制备

玻璃片、硬质塑料片、金属片等都可作为薄层载片。在实验室中常常把载玻片（100mm×30mm×2.5mm）作为薄层载片。使用前将载玻片洗净，干燥。取用时手指应接触载玻片的边缘，以免指印沾污片的表面，难于涂铺吸附剂。薄层板制备的好坏直接影响色谱的结果，

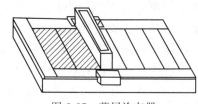

图 2-27 薄层涂布器

薄层厚度为 0.25～1mm，厚度尽量均匀。否则，在展开时溶剂前沿不齐，色谱结果也不易重复。

薄层板分为"干板"和"湿板"。干板一般用氧化铝作吸附剂，涂层时加水。湿板制作前，先将吸附剂调成均匀、不带团块、黏稠适当的糊状物〔一般 3g 硅胶需要加 0.5%～1% 的羧甲基纤维素钠（CMC）水溶液 6～7mL〕。为此，应将吸附剂慢慢地加至溶剂中，边加边搅拌，充分混合。如果将溶剂加至吸附剂中常常会出现团块。将调好的糊状物采用如下 3 种方法铺板。

① 平铺法　用购置或自制的薄层涂布器（见图 2-27），把洗净的几块玻璃板在涂布器中

间摆好，上下两边各夹一块比前者厚 0.25mm 的玻璃板，在涂布器槽中倒入糊状物，将涂布器自左向右推，即可将糊状物均匀地涂在玻璃板上。

② 倾注法　教学实验中常采用倾注法。将调好的糊状物倒在清洁、干燥的载玻片上，用手拿住载玻片的边缘，轻轻地来回摇晃，使表面均匀平滑（必要时可于平台处让一端触台面，另一端轻轻跌落数次并互换位置），然后把薄层板放于平整的台面上，室温晾干。

③ 浸渍法　将两块干净的载玻片对齐贴近在一起，手指捏住载玻片上端，缓慢而均匀地浸入调好的浆料并取出多余的浆料，任其自动滴下，使载玻片上涂上一层均匀的吸附剂，取出分开，放于水平面上，室温晾干。

现在市场上已有各种制好的薄层板出售，统称预制板。

（3）薄层板的活化

把晾干的薄层板放入烘箱内加热活化，活化条件根据需要而定。硅胶板一般在烘箱中渐渐升温，维持 105～110℃ 活化 30min。氧化铝板在 200℃ 烘 4h 可得活性 Ⅱ 级的薄层，150～160℃ 烘 4h 可得活性 Ⅲ～Ⅳ 级的薄层。薄层板的活性与含水量有关，其活性随含水量的增加而下降。活化后的薄层板放在干燥器内保存备用。

（4）点样

点样前，在薄层板上距一端 1cm 处，用铅笔轻轻划一条线，作为起点线。通常将样品溶于低沸点溶剂，如丙酮、甲醇、乙醇、氯仿、苯、乙醚和四氯化碳等，配成 0.5%～5% 溶液，用内径小于 1mm 管口平整的毛细管吸取样品溶液点样。点样时不能用力，不可刺破薄层表面，管口轻轻接触到起点线的某一位置上即可，如图 2-28 所示。如溶液太稀，一次点样不够，待溶剂挥发后可在同一圆心上重复点样。样品的量对物质的分离效果有很大的影响。若样品量太少时，斑点不清楚，难以观察，但是样品量太多时，易造成斑点过大，互相交叉或拖尾现象，不能得到有效的分离。点样后的斑点直径以扩散成 1～2mm 圆点为度，若在同一板上点几个样，则点样间距以 1～1.5cm 为宜。

（5）展开

薄层板的展开需要展开剂（展开用溶剂）和密闭的容器。选择合适的展开剂对薄层色谱至关重要，直接影响着样品的分离效果。主要根据样品的极性、溶解度和吸附剂的活性等因素选择展开剂。展开剂的极性越大，则对化合物的展开能力也越强，即 R_f 值也越大。常见的溶剂在硅胶板上的极性和展开能力如下：乙酸＞吡啶＞水＞甲醇＞乙醇＞丙酮＞异丙醇＞乙酸乙酯＞乙醚＞氯仿＞二氯甲烷＞苯＞甲苯＞二硫化碳＞四氯化碳＞环己烷＞己烷和石油醚。如展开后样品中各组分没分离好，应重新选择展开剂。单一的展开剂效果不好时，可选择两种或三种溶剂的混合物作展开剂。选定好展开剂后，可进行展开。展开有多种方式，以上行法最为常用。将点好样品干燥后的薄层板垂直或倾斜放置于展开槽中，使之自下向上进行展开。点样的位置必须在展开剂液面以上，勿使样品浸入展开剂中，一般薄层板浸至 0.5cm 高度（见图 2-29）。当展开剂前沿上升至距薄层板顶端 1～1.5cm 处或混合物各组成已明显分开时，取出薄层板，立即用铅笔画展开剂前沿线。

（6）显色

若样品组分本身有颜色，则可直接观察斑点。若样品无色，选用合适的显色方法显色。常用的显色方法有以下 3 种。

① 紫外灯显色　如样品为发荧光的化合物，在紫外灯（常用波长为 254nm 和 365nm 两种）下观察时，可清晰地观察到样品的荧光亮点。不发荧光，但有紫外吸收的化合物，可用

图 2-28　毛细管点样

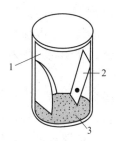

图 2-29　色谱展开
1—展开缸；2—薄层板；3—展开剂

吸附剂中含有荧光物质（如硅胶 HF_{254}、硅胶 GF_{254}）的薄层板，在紫外灯下也可以观察到斑点。

② 碘熏显色　碘是薄层色谱中常用的显色剂，许多化合物用碘蒸气熏之后，都出现暗黄棕色斑点。操作方法为：将少量碘置于展开槽底部，塞紧塞子，待槽内充满碘的蒸气后，将除去溶剂的薄层板放入，直至暗棕色斑点明显时取出。要注意的是当碘蒸气挥发后，斑点立即消失，所以薄层板取出后，应立即标出斑点的位置。

③ 喷显色剂显色　薄层色谱中选择适当的显色剂，可以使样品显色。用喷雾器喷显色剂时，雾滴要小，以免薄层受到破坏。

（7）计算比移值

通常用比移值（R_f）表示化合物移动的相对距离。

$$R_f = \frac{溶质的最高浓度离原点中心的距离}{展开剂前沿离原点中心的距离}$$

R_f值随被分离化合物的结构、固定相与流动相的性质、温度以及活化条件等因素而变化。如果没有得到良好的分离，应更换展开剂重新展开。当温度、固定相、流动相等条件一定时，一种化合物的 R_f 值就是一个特有常数，可作为定性分析的依据。由于影响 R_f 值的因素很多，因此常采用标准品对照。

实验2-10　偶氮苯和苏丹Ⅲ的分离

【实验目的】

1. 了解薄层色谱的基本原理。
2. 掌握薄层色谱的操作方法。

【仪器与试剂】

仪器：50mL 烧杯、载玻片、毛细管、展开槽。

试剂：0.5％苏丹Ⅲ的甲苯溶液、1％偶氮苯的甲苯溶液、0.5％羧甲基纤维素钠（CMC）水溶液、硅胶 G、石油醚、乙酸乙酯、9：1（体积比）的甲苯-乙酸乙酯混合溶液。

【实验内容】

1. 制备薄层板

取载玻片 2 片，洗净晾干。

采用倾注法制备薄层板。需要 3g 硅胶 G 和 7mL 0.5％羧甲基纤维素钠（CMC）水溶液。室温放置，晾干后，放入烘箱中，缓慢升温至 110℃，恒温活化 0.5h，取出，冷却。

2. 点样

在距薄层板一端约 1.5cm 处用铅笔轻轻划横线作为起始线，选择管口平齐的玻璃毛细管，吸取少量样品溶液，轻轻接触薄层板点样处（为增加浓度，溶剂挥发后可重复点样），应控制样品点的扩散直径不超过 2mm。

第一张板：点 1％的苏丹Ⅲ的甲苯溶液和 1％偶氮苯的甲苯溶液，两个样品间相距 1cm。

第二张板：点 1％的苏丹Ⅲ的甲苯溶液和 1％偶氮苯的甲苯溶液，点在同一位置上。

注意：点样要轻，不可刺破薄层；点样用的毛细管必须专用，不得混用。

3. 展开

点样结束，待样点干燥后，方可进行展开。展开在密闭的容器中展开（如展开槽）。以 5：1 的石油醚-乙酸乙酯为展开剂，取 3mL 倒入展开槽中，摇匀后放置 10min，使展开剂蒸气充满展开槽。将点好样的薄层板浸入（起始线朝下）展开槽中，盖好塞子进行展开，当展开剂上升至薄层板上端约 1cm 处时，取出薄层板放平，尽快标出溶剂前沿和色斑中心。

4. 计算 R_f 值

用尺子分别量出从原点至溶剂前沿的距离，以及从原点至各色斑中心的距离，计算 R_f 值，比较两者 R_f 值的大小。

 【思考题】

1. 点样时样品斑点过大，会有什么影响？
2. 若将点样线浸入展开剂液面以下，对薄层色谱有何影响？

2.12.2　柱色谱

柱色谱法也称柱层析，主要用于较大量有机化合物的分离和提纯，分离容量从几毫克到百毫克级。常用的柱色谱分为吸附柱色谱和分配柱色谱两类。吸附柱色谱中柱内装有吸附剂如氧化铝或硅胶等，作为固定相。待分离的混合物样品溶液从柱顶加入，流经吸附柱时，被吸附在柱的表面，然后从柱顶加入洗脱剂（流动相）进行洗脱。当洗脱剂流下时，由于样品中各组分被吸附的能力不同，以不同的速度沿色谱柱下移，形成若干不同色带，吸附能力最弱的组分（即极性较弱的组分）随溶剂首先流出，吸附能力强的组分后流出（即极性较强的组分），经过一定时间洗脱后，不同组分彼此被分开，从而达到分离的目的。

分配柱色谱的分离原理不同于吸附柱色谱，柱内装有支持剂，如硅胶、硅藻土和纤维素等，固定相为液体，吸附在支持剂上，而支持剂本身不起分离作用。样品各组分在流动相和固定相这两相液体间的分配系数不同而实现分离。

（1）吸附剂

柱色谱用吸附剂有氧化铝、硅胶、聚酰胺、硅酸镁、纤维素、氧化镁、碳酸钙和活性炭等。选择吸附剂的首要条件是与被吸附物及洗脱剂均无化学作用，在洗脱剂中也不会溶解。吸附剂的吸附能力与颗粒大小有关。颗粒小，表面积大，吸附能力就强，但颗粒太小时流速就太慢。颗粒太粗，流速快，但分离效果不好。因此颗粒形状要均匀，大小适宜，在洗脱过程中能保持一定的流速（一般为 $1.5mL\cdot min^{-1}$）。

氧化铝、硅胶、聚酰胺、硅酸镁，是实验室中常见的柱色谱吸附剂，其特性如下。

① 氧化铝　氧化铝分为酸性、中性和碱性三种，颗粒大小一般为 $100\sim150$ 目。酸性氧化铝是用 1%盐酸浸泡后，用蒸馏水洗至悬浮液 pH 为 $4\sim4.5$，用于如有机酸、氨基酸等酸性物质的分离；中性氧化铝应用最广，pH 为 $7\sim7.5$，用于醛、酮、酯、内酯等的分离；碱性氧化铝 pH 为 $9\sim10$，用于生物碱、胺、烃、甾体化合物、缩醛、糖苷等的分离。

② 硅胶　选取优质硅胶为原料加工制成，在原料硅胶生产过程中形成微孔结构和内孔表面，根据孔径大小分为 3 种，A 型硅胶（细孔）、B 型硅胶（中孔）、C 型硅胶（大孔）。柱色谱用硅胶一般不含黏合剂。

③ 聚酰胺　柱色谱用聚酰胺是一种白色多孔性非晶形粉末，不溶于水和一般有机溶剂，易溶于浓无机酸、酚、甲酸及热的乙酸、甲酰胺和二甲基甲酰胺中，能分离酚类、酸类、醌类、硝基化合物等，也可以分离含羟基、氨基、亚氨基的化合物及腈和醛等化合物。

④ 硅酸镁　中性硅酸镁的吸附特性介于氧化铝和硅胶之间，主要用于分离甾体化合物和某些糖类衍生物。为了得到中性硅酸镁，用前先用稀盐酸，然后用醋酸洗涤，最后用甲醇和蒸馏水彻底洗涤至中性。

吸附剂的吸附能力常称为活性。吸附剂的活性取决于其含水量，含水量越低，活性越高。向吸附剂中添加一定量的水，可以降低其活性；反之，如果用加热处理的方法除去吸附剂中的部分水，则可以增加其活性，后者称为吸附剂的活化。氧化铝和硅胶的活性分为五级，用 I、Ⅱ、Ⅲ、Ⅳ和Ⅴ表示。数字越大，表示活性越小，其中一般常用为Ⅱ级和Ⅲ级，其活性与含水量关系见表 2-3。

表 2-3　吸附剂的活性和含水量的关系

活　　　性	I	Ⅱ	Ⅲ	Ⅳ	Ⅴ
氧化铝加水量/%	0	3	6	10	15
硅胶加水量/%	0	5	15	25	38

（2）化合物极性与吸附能力的关系

化合物与吸附剂之间吸附能力的大小既与吸附剂的活性有关，又与化合物的分子极性有关。分子极性越强，吸附能力越大，分子中所含极性基团越多，极性基团越大，其吸附能力也就越强。具有下列极性基团的化合物，其吸附能力按下列次序递减：

$-COOH > -OH > -NH_2 > -SH > -CHO > -C=O > -CO_2R > -OCH_3 > -C=C- > I^-, Br^-, Cl^-$

（3）溶解样品的溶剂

通常根据样品中各种组分的极性、溶解度和吸附剂的活性等来选择合适的溶剂，选用的溶剂极性应低（比样品要小一些），溶液体积要小。如样品在极性低的溶剂中溶解度很小，则加入少量极性较大的溶剂，使溶液体积不致太大。

（4）洗脱剂

习惯上，薄层色谱中展开所用的溶剂常称为展开剂，而在柱色谱中洗脱所用的溶剂习惯上称为洗脱剂。洗脱剂的选择对样品各组分分离效果的影响很大。洗脱剂的极性和洗脱能力成正比。洗脱时，首先选用弱极性溶剂，将极性较小的组分洗脱下来。然后增加洗脱液的极性，将极性较大的组分洗脱下来。洗脱剂可以是单一溶剂，也可以是混合溶剂。常用洗脱剂的极性按如下次序递减：

乙酸＞吡啶＞甲醇＞乙醇＞正丙醇＞丙酮＞乙酸乙酯＞乙醚＞二氯甲烷-乙醚（60：40）＞二氯甲烷-乙醚（80：20）＞氯仿＞二氯甲烷＞甲苯＞环己烷＞石油醚和正己烷

洗脱剂的选择，通常是先用薄层色谱法试验。薄层色谱法中能看到理想分离效果的展开剂，用于柱色谱就是最佳的洗脱剂。

(5) 柱色谱装置

常见柱色谱装置如图 2-30 所示。色谱柱的大小，根据被分离样品量而定。一般来说，要求填装的吸附剂用量为样品用量的 30～40 倍，柱高和直径之比为 8：1，柱高应占柱管高度的 3/4。

(6) 实验操作

① 装柱　先将色谱柱洗净、干燥，垂直固定在铁架台上。用一长玻璃棒将一小块用少量洗脱剂润湿过的脱脂棉（或玻璃毛）送到柱底，轻轻压紧，赶出棉团中的气泡，但不能压得太紧，以免阻碍溶剂畅流（如柱子带有砂芯层，则可省略该步操作）。脱脂棉上再铺一层 0.5cm 厚的石英砂（或细沙），从对称方向轻轻敲击色谱柱，使砂面平整。然后将吸附剂装填管内。

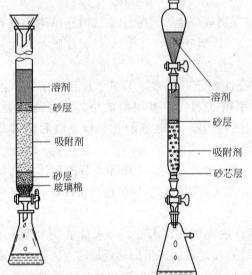

图 2-30　常见柱色谱装置

常用的装填方法有湿法和干法两种。湿法是先将洗脱剂倒入至约为柱高的 3/4 处，打开活塞，控制流速为 1～2 滴/s，再将用洗脱剂调好的浆状吸附剂慢慢倒入柱中。同时用木棒或带橡皮塞的玻璃棒轻轻敲击色谱柱（不要过分敲击，以免太紧密而流速过慢）。干法是在柱的上端放一漏斗，将吸附剂均匀装入管内，轻轻敲击，使之填装均匀，然后加入洗脱剂，至吸附剂全部润湿。装填结束后，在吸附剂上端覆盖一层约 0.5cm 厚的石英砂（或细沙）。无论是干法装柱，还是湿法装柱，装好的色谱柱应是装填均匀，松紧适宜一致，操作时一直保持上述流速，注意不能使液面低于沙面，否则柱内会产生气泡和裂缝，造成洗脱剂流动不规则而形成"沟流"，引起色谱带变形，影响分离效果。

② 样品的加入和洗脱　当洗脱剂液面刚好流至沙面时，关闭活塞。尽可能用极性小的少量溶剂溶解好样品（如果样品是液体，可直接加样），用滴管取样品，沿柱壁均匀地加入。打开活塞，当样品溶液刚好流至接近沙面时，立即用溶剂淋洗柱壁上所沾的样品液，如此2～3次，直至洗净为止。然后加入选好的洗脱剂进行洗脱。在洗脱过程中，注意随时添加洗脱剂（添加时沿壁慢慢添加，不能破坏沙面的平整性），以保持液面的高度恒定，特别应注意洗脱的整个过程中，柱内洗脱剂的高度始终不能低于沙面。样品量大时，可在柱顶上架一个装有洗脱剂的分液漏斗，让漏斗颈口浸入柱内液面下，这样便可以自动加液。如果采用梯度溶剂分段洗脱，则应从极性最小的洗脱剂开始，依次增加极性。洗脱过程中还要控制好流速，保持1～5滴/s的速度为宜。

若样品中各组分是有色物质，则在柱上可以直接看到色带，按色带分段收集，两色带之间要另收集，可能两组分有重叠。若是无色物质，一般采用等份连续收集。若洗脱剂的极性较强，或者各成分结构很相似时，每份收集量就要少一些，采用薄层色谱进一步鉴定，把含相同组分的收集液合并。

洗脱完毕，采用适当方法除去溶剂，便得到各组分的较纯样品。

实验2-11 荧光黄与亚甲基蓝的分离

【实验目的】

1. 了解柱色谱的基本原理。
2. 掌握柱色谱的操作方法。

【仪器与试剂】

仪器：色谱柱（直径 1.5cm、高 20cm）、150mL 锥形瓶、250mL 烧杯、25mL 烧杯等。
试剂：荧光黄、亚甲基蓝、氧化铝（100～200 目）、95％乙醇溶液。

【实验内容】

1. 装柱

将色谱柱洗净、干燥，垂直固定在铁架台上。在柱底铺一层用少量 95％乙醇溶液润湿过的脱脂棉，轻轻塞紧，再在脱脂棉上盖一层 0.5cm 的石英砂，关闭活塞，先将 95％乙醇溶液倒入管内至柱高的 3/4 处。然后将用氧化铝和 95％乙醇溶液调成的糊状慢慢装入管内（约为管长的 3/4），同时打开下端活塞，控制流出速度为 1 滴/s，并用木棒或带橡皮塞的玻璃棒轻轻敲打柱身下部，使之均匀紧密。当装柱至柱高的 3/4 时，再在氧化铝顶部盖一层约 0.5cm 厚的石英砂。操作时一直保持上述流速，注意不能使液面低于砂面。

2. 加样

当石英砂面上端有 1mm 高的溶剂时，立即用滴管沿柱壁加入 1mL 已配好的含有 1mg 荧光黄与 1mg 亚甲基蓝的 95％乙醇溶液，当此溶液流至接近石英砂面时，立即用 0.5mL 95％乙醇溶液洗下管壁上的有色物质，如此连续 2～3 次，直至洗净为止。

3. 洗脱

先用 95％乙醇进行洗脱，控制流出速度如前。蓝色的亚甲基蓝极性小，首先向下移动，极性较大的荧光黄则留在柱的上端。当蓝色的色带快洗出时，更换另一锥形瓶，继续洗脱，至滴出液近无色为止，再换锥形瓶。改用水作洗脱剂至黄绿色的荧光黄开始滴出，用另一锥形瓶收集至绿色全部洗出为止，分别得到两种染料的溶液。

 【思考题】

1. 柱色谱中为什么极性大的组分要用极性较大的溶剂洗脱？
2. 柱中若留有空气或吸附剂装填不均匀，对分离效果有何影响？如何避免？

实验3-1　熔点测定　⏩

【实验目的】

1. 理解熔点测定的原理和意义。
2. 掌握测定熔点的方法和技术。

【实验原理】

熔点是在一定外压下晶体物质与其液态呈平衡时的温度，这时固相和液相的蒸气压相等。当加热纯固体化合物时，在一段时间内温度上升，固体不熔。当固体开始熔化时，温度不会上升，直至所有固体都转变为液体后温度才上升。反过来，当冷却一种纯液体化合物时，在一段时间内温度下降，液体未固化。当开始有固体出现时，温度不会下降，直至液体全部固化后温度才会再下降。

在一定温度和压力下，将某种纯物质的固液两相放入同一容器中，这时可能发生三种情况：固体熔化，液体固化，固液两相并存。我们可以从该物质的蒸气压与温度关系图来理解在某一温度下，哪种情况占优势。

图 3-1(a) 是固体的蒸气压随温度升高而增大的情况，图 3-1(b) 是液体蒸气压随温度变化的曲线，若将图 3-1(a) 和图 3-1(b) 两曲线加合，可得图 3-1(c)。可以看到，固相蒸气压随温度的变化比相应的液相大，最后两曲线相交于 M 点。在这特定的温度和压力下，固液两相并存，这时的温度 T_m 即为该物质的熔点。不同的化合物有不同的 T_m 值。当温度高于 T_m 时，固相全部转变为液相；低于 T_m 时，液相全部转变为固相。只有固液相并存时，固相和液相的蒸气压才是一致的，这是纯物质有固定而又敏锐熔点的原因。

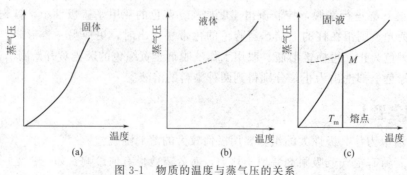

图 3-1　物质的温度与蒸气压的关系

在一定压力下，一般纯固体都有一个固定的熔点，而且其熔点与凝固点是一致的。熔点是有机化合物的重要物理常数，也是判断化合物纯度的标准之一。固体从初熔到全熔的温度范围称为熔程。纯的固体化合物的熔程一般为 0.5～1.0℃。当含有杂质时，会使其熔点下降，且熔程也较宽。

常用熔点测定方法有毛细管法和显微熔点仪法。

【仪器与试剂】

仪器：提勒（Thiele）管（也称 b 形管）、毛细管、玻璃管（长 40～50cm）、显微熔点测定仪、表面皿（或玻璃板）、载玻片、玻璃棒、100mL 烧杯、酒精灯、150℃温度计。

试剂：乙酰苯胺（或苯甲酸）、未知样、液体石蜡或甘油。

【实验内容】

1. 毛细管法测定熔点

（1）熔点管的制备

将毛细管与台面呈 45°在小火的边沿处一边转动一边加热，至一端完全封住。每组制 5～6 根，以备用。

（2）试样的填装

取 0.1～0.2g 干燥样品，放在干燥、干净的表面皿（或玻璃板）上，用玻璃棒将它研成粉末并聚成小堆，将熔点管的开口端插入样品堆中，使样品挤入管内，把开口端向上竖立，轻敲熔点管或把熔点管密封端在桌面上顿几下，使样品掉入管底。重复取样，直至样品的高度为 2～3mm。为使熔点管内的样品紧密堆积，可取一根长 40～50cm 的玻璃管垂直立于玻璃片上，将熔点管从玻璃管上端自由地落下多次。一般当样品研成很细的粉末时，装入的样品填充均匀而且紧密。这样填充好的熔点管，每种样品应准备 2～3 支。

（3）仪器装置的安装

将提勒（Thiele）管固定于铁架台上，倒入载热体甘油，载热体的用量以略高于提勒管的侧管上口为宜[1]。载热体又称为浴液，可根据所测物质的熔点不同选择不同的液体，一般用甘油、液体石蜡、硅油等。

将装有样品的熔点管用橡皮圈固定于温度计的下端，使熔点管的装样部分位于水银球的中部，然后将此带有熔点管的温度计通过有缺口的软木塞小心插入提勒管内，调至水银球在侧管上下两叉口中间处。如图 3-2 所示。

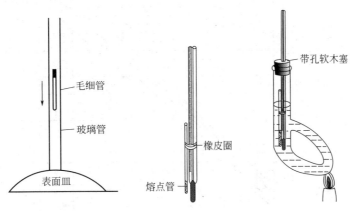

图 3-2 熔点测定装置

（4）熔点测定

① 粗略测定熔点　若想测得未知物的准确熔点，首先应该测定熔点的大致范围，按图

示部分进行加热。粗测时升温可稍快，一般 4~5℃·min⁻¹，直至样品熔化。记下此时温度计读数，供精确测定熔点时参考。粗测熔点后，移开火焰，冷却至浴液温度低于粗测熔点 30℃左右，将温度计取出，换上第二根熔点管[2]。

② 精确测定熔点　起初升温速度为 4~5℃·min⁻¹，当温度距粗测熔点 15℃时，控制升温速度为 1~2℃·min⁻¹。接近粗测熔点时，升温速度不超过 1℃·min⁻¹。此时应特别注意温度的上升和熔点管中样品的变化。当熔点管中的样品开始塌落、湿润、出现小液滴时，表明样品开始熔化，记下此时温度（即为始熔温度）。继续微热至固体全部消失，变为透明液体时，再记下此时温度（即为全熔温度），始熔温度至全熔温度范围即为样品的熔程。在测定过程中，还要观察记录加热过程中试样是否有萎缩、变色、发泡、升华等现象，以供分析参考。

2. RY-IG 型熔点测定仪测定熔点

RY-IG 型熔点测定仪的特点是操作简便、测量准确、升温速率可选择、安全不易损害等特点。测量范围为 50~300℃，其操作步骤如下。

（1）试样的填装

取 0.1~0.2g 干燥样品，放在干燥、洁净的表面皿（或玻璃板）上，用玻璃棒将它研成粉末并聚成小堆，将熔点管的开口端插入样品堆中，使样品挤入管内，样品的高度为 2~3mm 时，把开口端向上竖立，取一根长 40~50cm 的玻璃管垂直立于玻璃片上，将熔点管从玻璃管上端自由地落下多次，为使熔点管内的样品紧密堆积。一般当样品研成很细的粉末时，装入的样品填充均匀而且紧密。这样填充好的熔点管，每种样品应准备 2~3 支。

（2）放入温度计和毛细管

将温度计和填装好试样的熔点管放入槽中。注意：熔点管封口要牢固，以免样品溢出腐蚀样品槽；温度计应加热前放入槽中，当温度升高时不要将温度计取出，以免温度计由于迅速降温而破裂。

（3）加热

开启电源开关（照明度应亮）即可加热。温度上升速度可通过调节电压来控制。将面板上电压旋钮调整到根据被测样品预知熔温，由图 3-3 中查出的合适电压（一般选 1~2℃·

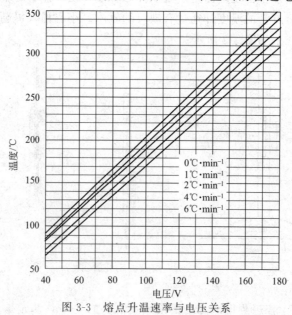

图 3-3　熔点升温速率与电压关系

min^{-1})。如被测样品乙酰苯胺预知熔点114℃，由图3-3找到114℃的升温速率1℃·min^{-1}、2℃·min^{-1}、4℃·min^{-1}、6℃·min^{-1}，对应电压分别为50V、58V、68V、72V。如试样为未知样，先粗测，根据粗测熔温选择合适的电压进行精测。一次测量所需时间大约为20min。观察者眼睛距透镜150mm为宜。

（4）记录熔程

通过透镜观察固体熔化情况，记录始熔及全熔的温度。

（5）冷却

一次测定结束后，将电压调为零，当温度降至低于初熔温度20℃时，进行第二次测定。测定全部结束后，将电压调为零，关闭电源开关。

本实验选择乙酰苯胺或苯甲酸做熔点测定练习后，进行未知样的熔点测定，根据表3-1数据推断未知样可能是何物。

表3-1 一些有机化合物的熔点

样品名称	熔点/℃	样品名称	熔点/℃
水-冰	0	尿素	132
对二氯苯	53.1	桂皮酸	133
萘	80.5	D-甘露醇	168
邻苯二酚	105	对苯二酚	173~174
间苯二酚	108~110	马尿酸	188~189
乙酰苯胺	114.3	对羟基苯甲酸	214.5~215.5
苯甲酸	122.4	蒽	216.2~216.4

【数据记录和处理】

样品	测定次数	初熔/℃	全熔/℃	熔程/℃
乙酰苯胺(苯甲酸)	I			
	II			
未知样1	I			
	II			
	III			
未知样2	I			
	II			
	III			

附注

［1］选择浴液时，可以根据被测物质的熔点来决定。被测物质的熔点在90℃以下，可选用水作浴液；被测物质的熔点在90℃以上，220℃以下，可选用液体石蜡；熔点再高，可选用浓硫酸（可加热至270℃），硫酸腐蚀性强，使用时要特别小心，要戴防护眼镜。

［2］不能将用过的熔点管冷却和固化后重复使用。因为某些物质会发生部分分解，或转变成具有不同熔点的其他晶体。

【思考题】

1. 用提勒管测熔点时，温度计的水银球及熔点管应处于什么位置？为什么？

2. 堆样品的表面皿、装样品的熔点管以及装紧样品时所用的长玻璃管若不够清洁、干燥，对所测熔点将产生什么影响？

3. 接近熔点时升温速度为何要控制得很慢？如升温太快，所测熔点将产生什么影响？

实验3-2 沸点测定

【实验目的】

1. 理解沸点测定的原理和意义。

2. 掌握测定沸点的操作技术。

【实验原理】

由于分子运动，液体分子有从表面逸出的倾向，这种倾向常随温度的升高而增大。即液体在一定温度下具有一定的蒸气压，液体的蒸气压随温度的升高而增大，而与体系中存在的液体及蒸汽的绝对量无关。

当液体的蒸气压增大至与外界施加给液面的总压力（通常是大气压力）相等时，就有大量气泡不断地从液体内部逸出，即液体沸腾，这时的温度称为该液体的沸点。显然液体的沸点与外界压力有关。外界压力不同，同一液体的沸点会发生变化。通常所说的沸点是指外界压力为101.3kPa下，纯液体有机物的沸点[1]。当液体不纯时，沸点有一个温度稳定的范围，常称为沸程。沸程较宽，说明液体纯度较差。

一般用于测定沸点的方法有两种。

1. 常量法

常量法即用蒸馏法来测定液体的沸点。常量法测定沸点所用的仪器装置和安装、操作中的要求及注意事项都与普通蒸馏一样。按普通蒸馏装置装好仪器后，将30mL待测样品倒入50mL圆底烧瓶中，放入2～3粒沸石，插入温度计，接通冷却水，用水浴或控温电热套加热，记录馏出液开始滴入接收器时的温度。继续加热，并观察温度有无变化，当温度计读数稳定时，此温度即为样品的沸点。直到样品大部分蒸出（约85％为止），记录最后的温度，然后停止加热。上述起始至最终温度即为样品的沸程。根据沸程的大小判断样品的纯度。

2. 微量法

微量法即利用沸点测定管来测定液体沸点的方法。

沸点测定管由内管（长4～5cm，内径1mm）和外管（长7～8cm，内径4～5mm）两部分组成。内外管均为一端封闭的耐热玻璃管。如图3-4所示。

在最初加热时，毛细管内存在的空气膨胀流出管外，继续加热出现气泡流。当加热停止时，留在毛细管内的唯一蒸气是由毛细管内的样品受热所形成的。此时若液体受热温度超过其沸点，管内蒸汽的压力就高于外压；若液体冷却，其蒸气压下降到低于外压时，液体即被压入毛细管内。当气泡不再冒出而液体刚要进入管内（最后一个气泡要回到管内）的瞬间，毛细管内的蒸气压正好与外压相等，所测温度即为液体的沸点。

【仪器与试剂】

仪器：提勒管（也称 b 形管，见图 3-5）、毛细管、玻璃管（长约 7cm）、150℃温度计、

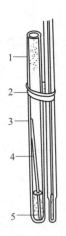

图 3-4 微量法测定沸点装置

1—5mm 玻管；2—橡皮圈；3—闭口端；

4—熔点毛细管；5—开口端

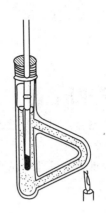

图 3-5 微量法测定沸点 b 形管装置

橡皮圈、酒精灯。

试剂：乙醇、甘油、未知样。

【实验内容】

1. 封管

将内管和外管倾斜 45°并不断捻动，在酒精灯或喷灯上加热封住一端。

2. 取样

用一根两端开口的毛细管插入待测样品中，液体会在毛细管中上升一段距离，然后用食指堵住毛细管上端，拿出并插入外管中，放开食指使液体流出。操作数次使外管中的液体高 1.5cm 左右即可。

3. 安装仪器

开口朝下将内管插入装有液体的外管中，用橡皮圈把外管套在温度计上，应使沸点管内液体部位与温度计水银球尽量贴近，然后将带有沸点管的温度计插入 b 形管的浴液中，即可开始加热。

4. 测定

加热时，内管中的空气膨胀，可观察到有小气泡从内管下口通过液体逸出。当气泡连续不断时，立即停止加热，自行冷却，气泡逸出越来越慢，当最后一个气泡要出来又缩回去时就是该液体的沸点。立刻记录温度计的读数，此时内管和外界的大气压相等。当 b 形管内的浴液冷却到低于沸点 30℃时开始做第二次，每个样品做三次（每次所得数值不得相差 1℃）。测定未知样品的沸点，查表 3-2 判断所测样品的纯度。

表 3-2 标准化合物的沸点

化合物名称	沸点/℃	化合物名称	沸点/℃
四氯化碳	76.8	甲苯	110.0
乙酸乙酯	77	苯胺	184.5
乙醇	78.2	苯甲酸甲酯	199.5
苯	80.1	硝基苯	210.9
异丙醇	82	水杨酸甲酯	223.0
水	100.1	对硝基甲苯	238.3

附注

[1] 有恒定沸点的物质不一定都是纯物质，有些二元或三元共沸混合物也有恒定沸点。如 95.57% 的乙醇和 4.43% 的水组成的二元共沸混合物，其沸点是 78.17℃。

 【思考题】

1. 常量法测沸点时，若把温度计水银球插在液面下或者在蒸馏烧瓶支管口上面，会对测定结果有什么影响？

2. 你所测得的某液体的沸点能否与文献值一致？为什么？

实验3-3 化学反应热效应测定

【实验目的】

1. 学会测定锌与硫酸铜反应热效应的原理和方法。

2. 学习准确浓度溶液的配制方法。

【实验原理】

对一化学反应，当生成物的温度与反应物的温度相同，且在反应过程中除膨胀功以外不做其他功时，该化学反应所吸收或放出的热量，称为化学反应热效应。若反应是在恒压条件下进行的，则反应的热效应称为恒压热效应 Q_p，且此热效应全部用来增加体系的焓（ΔH），所以

$$\Delta H = Q_p \tag{3-1}$$

式中，ΔH 为该反应的焓变。对于放热反应，ΔH 为负值；对于吸热反应，ΔH 为正值。

例如，在恒压条件下，1mol 锌置换硫酸铜溶液中的 Cu^{2+} 时，放出 216.8kJ 的热量，即

$$Zn + CuSO_4 \longrightarrow ZnSO_4 + Cu, \qquad \Delta H = -216.8kJ \cdot mol^{-1}$$

测定化学反应热效应的基本原理是能量守恒定律，即反应所放出的热量促使反应体系温度升高。因此，对上面的反应，其热效应与溶液的质量（m）、溶液的比热容（C）和反应前后体系温度的变化（ΔT）有如下关系

$$Q_p = -(Cm\Delta T + K\Delta T) \tag{3-2}$$

式中，K 为量热器的热容量，即量热器本身每升温 1℃所吸收的热量。

由溶液的密度（ρ）和体积（V）可得溶液的质量，即

$$m = \rho V \tag{3-3}$$

若上述反应以每摩尔锌置换铜离子时所放出的热量（kJ）来表示，综合式(3-1)、式(3-2)和式(3-3)，可得

$$\Delta H = \frac{Q_p}{n} = -\frac{1}{n}(C\rho V + K)\Delta T \frac{1}{1000} \tag{3-4}$$

式中，n 为 V（mL）体积溶液中溶质的物质的量。

量热器的热容量可用如下方法求得：在量热器中首先加入温度为 T_1、质量为 m_1 的冷

水，再加入温度为 T_2、质量为 m_2 的热水，二者混合后，水温为 T，则量热器得热为

$$q_0 = (T - T_1)K \tag{3-5}$$

冷水得热为

$$q_1 = (T - T_1)m_1 C(H_2O) \tag{3-6}$$

热水失热为

$$q_2 = (T_2 - T)m_2 C(H_2O) \tag{3-7}$$

因此，

$$q_0 = q_2 - q_1 \tag{3-8}$$

综合式(3-5)～式(3-8)，可得量热器的热容量为

$$K = C(H_2O)\frac{m_2(T_2 - T) - m_1(T - T_1)}{(T - T_1)} \tag{3-9}$$

式中，$C(H_2O)$ 为水的比热容。

本实验的关键在于能否测得准确的温度值。为获得准确的温度变化 ΔT，除精细观察反应时的温度变化外，还要对影响 ΔT 的因素进行校正。其校正的方法是：在反应过程中，每隔 30s 记录一次温度，然后以温度 (T) 对时间 (t) 作图，绘制 T-t 曲线，如图 3-6 所示。将曲线 AB 和 CD 线段分别延长，再做垂线 EF，与曲线交于 G 点，且使 △CEG 和 △BFG 所围二块面积相等，此时 E 和 F 对应的 T 值之差即为校正后的温差 ΔT。

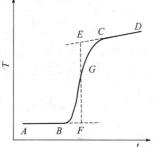

图 3-6　温度校正曲线

【仪器与试剂】

仪器：量热器（约 100mL）、烧杯（100mL）、量筒（50mL）、移液管（50mL）、洗耳球、称量纸、天平（500g）、电热板。

试剂：$0.2 mol \cdot L^{-1}$ 硫酸铜溶液、锌粉。

【实验内容】

1. 量热器热容量的测定

(1) 用台秤称量干燥的量热器（包括胶塞、温度计）的质量，然后用量筒量取 50mL 自来水加入其中，再称重，并记录两次称量的质量。慢慢搅拌数分钟，待体系温度稳定后，记录此时的温度读数 T_1。

(2) 另准备 50mL 热水（约比量热器中的水高 20～25℃），准确测定热水的温度 T_2 后，迅速倒入量热器中，盖好上盖并不断搅拌，同时注意温度变化。当温度升至最高点后，记录此时的温度读数 T。

用台秤称量并记录量热器及其中水的总质量。倒掉量热器中的水，并擦干其内壁，以备下步操作。

2. 锌与硫酸铜反应热效应的测定

(1) 用移液管吸取 50.00mL $0.2 mol \cdot L^{-1}$ CuSO$_4$ 溶液，放入干燥的量热器中，盖好上盖，在不断搅拌的条件下，每隔 30s 记录一次温度，至温度稳定，再记录 2～3 个温度。

(2) 用台秤称取 1g 锌粉，加入量热器中，迅速盖紧盖，与此同时开始记录时间及对应温度变化。在不断搅拌下，每隔 30s 记录一次温度计读数。至温度上升到最高点后，再记录 5～6 个温度。

【数据记录和处理】

1. 量热器热容量的测定

记录项目	测定或计算结果
量热器的质量/g	
量热器加冷水的质量/g	
冷水质量 m_1/g	
冷水温度 T_1/℃	
热水温度 T_2/℃	
量热器加冷水、热水质量/g	
热水质量 m_2/g	
冷热水混合之后的温度 T/℃	
量热器的热容量/J·g^{-1}·K^{-1}	

2. 锌与硫酸铜反应热效应的测定

加锌粉前	时间 t/min	0	0.5	1	1.5	2		
	温度 T/℃							
加锌粉后	时间 t/min	0	0.5	1	1.5	2	2.5	3
	温度 T/℃							

化学反应热效应/kJ·mol^{-1}		
	理论值	
	测定值	
	相对误差/%	

附注

水的比热容 $C(H_2O) = 4.18$J·g^{-1}·K^{-1}；0.200mol·L^{-1} $CuSO_4$ 的密度 $d \approx 1$g·mL^{-1}；$CuSO_4$ 溶液的比热容 $C \approx 4.18$J·g^{-1}·K^{-1}；锌与硫酸铜反应热效应的理论值 $\Delta H = -216.8$kJ·mol^{-1}。

【思考题】

1. 实验中为什么把 0.200mol·L^{-1} $CuSO_4$ 溶液用移液管准确吸取，不用量筒量取？而锌粉为什么用台秤称量，不用分析天平称量？

2. 如果量热器的热容量忽略不计，所用 0.200mol·L^{-1} $CuSO_4$ 溶液的体积是否还需准确量取？

实验3-4 液体化合物折射率的测定

【实验目的】

1. 了解折射率测定的原理和意义。

2. 学习使用阿贝折光仪测定液体折射率的方法。

【**实验原理**】

折射率是液体有机化合物重要的特性常数之一，可用于液体物质的鉴定和纯度的检验。

光在不同介质中传播的速度不同，当光从一种介质射入另一种介质中时，在分界面上发生折射现象。根据斯内尔（Snell）定律，光从空气（介质 A）射入另一介质 B 时，入射角 θ 与折射角 φ 的正弦之比叫折射率 n。

$$n = \frac{\sin\theta}{\sin\varphi}$$

当入射角 $\theta = 90°$ 时，这时的折射角最大，称为临界角 φ_c。如果从 $0°$ 到 $90°$ 都有折射光，即 $\angle DOE$ 区是亮的，而 $\angle EON$ 区是暗的，OE 是明暗两区的分界线（见图 3-7）。从分界线的位置可以测出临界角 φ_c，由斯内尔定律：

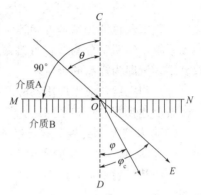

图 3-7　折射率示意

$$n = \frac{\sin\theta}{\sin\varphi_c} = \frac{1}{\sin\varphi_c}$$

即可求出介质的折射率。

化合物的折射率除与它本身的结构和光线的波长有关外，还受温度等因素的影响。所以在测定折射率时，必须注明所用光线与测定时的温度，例如，$n_D^{20} = 1.3618$，表示 20℃时，某介质对钠光（D 线 589nm）的折射率为 1.3618。温度每升高 1℃，液体有机化合物的折射率大致减少 4×10^{-4}。实际工作中，往往采用这一温度变化常数，把某一温度下所测的折射率换算成另一温度下的折射率。

其换算公式为

$$n_D^{t_0} = n_D^t + 4 \times 10^{-4}(t - t_0)$$

式中，t_0 为实验时的温度。这一粗略计算虽有误差，但有一定的参考价值。

【**仪器与试剂**】

仪器：折光仪。

试剂：丙酮、丁酮。

【**实验内容**】

1. 仪器的准备

（1）将折光仪置于光线充足的实验台上，装上温度计，连接折光仪与恒温水浴，调节至所需温度。

（2）打开棱镜，用擦镜纸蘸少量乙醇或丙酮沿同一方向轻擦上、下镜面[1]，待晾干后使用。

2. 读数的校正

为保证测定时仪器的准确性，对折光仪刻度盘上的读数应经常校验。这种校验是利用仪器附带的标准晶片进行的。方法是：将棱镜完全打开，用一滴溴化萘将标准晶片贴在折射棱镜的光面上（使标准晶片的小抛光面一端向上，以接收光线），调节刻度盘读数使之等于标准晶片上所刻数值，观察望远镜内明暗分界线是否通过"十"字交叉点（见图 3-8），若有偏差，则用附件方孔调节扳手转动望远镜筒上的物镜调节螺钉，使明暗分界线恰好通过"十"字交叉点。

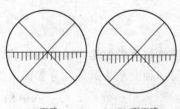

(a) 正确　　　(b) 不正确

图 3-8　折光仪的调节

3. 样品的测定

（1）将棱镜表面擦净、晾干。取待测液用滴管滴加 1～2 滴于磨砂面上，滴加样品时应注意切勿使滴管尖端直接接触镜面，以防造成刻痕，关紧棱镜。滴加液体过少或分布不均匀，就看不清楚[2]。

（2）调节反光镜，使光线射入。

（3）旋转棱镜转动手轮，直至望远镜内观察到明暗分界线。若出现色散光带，可旋转消色散棱镜手轮，消除色散，使明暗界线清晰，再旋转棱镜转动手轮，使明暗分界线恰好通过"十"字交叉点。记录读数与温度。重复测定 2～3 次，取其平均值即为样品的折射率。

（4）测完后，应立即用乙醇或丙酮擦洗两棱镜表面，晾干后再关闭保存[3]。

按上述步骤进行如下测定：

① 判断已知物纯度。取已准备好的甲醇，测其折射率，判断其纯度。

② 鉴别未知物。实验室中有一失去标签的纯净液态有机化合物，据估计可能为丙酮或丁酮，测其折射率加以区别（由手册知丙酮 $n_D^{20}=1.3586$，丁酮 $n_D^{20}=1.3788$）。

附注

［1］折光仪的棱镜必须注意保护，不得用镊子、滴管等用具造成刻痕。不得测定强酸、强碱及其他有腐蚀性的液体。也不能测定对棱镜和保温套之间的黏合剂有溶解作用的液体。

［2］若测挥发性液体，操作应迅速，或在测定过程中，用滴管由棱镜外侧面的小孔处补加待测液。

［3］每次使用后，均应仔细擦洗镜面，并待其晾干后再关闭棱镜。仪器在使用或保存时不得暴露于日光中。不用时应将金属套内的水倒净，并封闭管口。然后将其装入木箱，置于干燥处保存。

【思考题】

每次测定前后为何要擦洗棱镜面，擦洗时应注意什么？

实验3-5　土壤pH的测定

【实验目的】

1. 掌握电势法测定土壤 pH 的原理。

2. 掌握酸度计使用方法及测定溶液 pH 的方法。

【实验原理】

电势法测定土壤 pH，常以玻璃电极作指示电极，饱和甘汞电极作参比电极，与土壤浸提液组成原电池：

（－）Ag，AgCl｜HCl$(0.1mol \cdot L^{-1})$｜玻璃膜｜试液｜KCl（饱和）｜$Hg_2Cl_2(s)$，Hg（＋）

在一定条件下，电池的电动势 E 与试液的 pH 呈线性关系：

$$E = K + 0.059\text{pH}(25℃)$$

式中的 K 值是由内外参比电极的电势、玻璃膜的不对称电势及液接电势所决定的常数，其值不易求得。在实际工作中，首先用已知 pH 的标准缓冲溶液校正酸度计（即定位），然后测量溶液的 pH。校正时应选用与待测液的 pH 相接近的标准缓冲溶液，以减少测定过程中可能由于液接电势、不对称电势及温度等变化而引起的误差。

测量 pH 时，为适应不同温度下的测量，需进行温度补偿。先将温度补偿调至溶液的温度，然后将电极插入已知 pH 的标准缓冲溶液中进行定位，进行温度补偿和定位后，电极插入待测溶液中，仪器直接显示待测溶液的 pH。

测定土壤 pH 常采用室内测定法，即从野外采集土壤样品，在实验室经风干、研磨和过筛后，按一定的土水比用水浸提土壤，然后测定浸提液 pH。也可在野外将电极插入欲测定的土壤中进行测定，此法称原位测定法。

【仪器与试剂】

仪器：酸度计、塑壳可充式 pH 复合电极、塑料烧杯（100mL）。

试剂：0.05mol·L^{-1} 邻苯二甲酸氢钾（$KHC_8H_4O_4$）（25℃，pH＝4.00）、$0.025\ \text{mol·L}^{-1}$ KH_2PO_4 和 Na_2HPO_4 混合液（25℃，pH＝6.86）、0.01mol·L^{-1} 硼砂（$Na_2B_4O_7·10H_2O$）（25℃，pH＝9.18）、土壤试样。

【实验内容】

称取 10g 已处理好的土壤试样，放入 100mL 烧杯中，加入 50mL 蒸馏水，间歇搅拌15min，再放置 15min 后即得土壤悬浊液。用酸度计测量土壤的 pH。

用酸度计测量 pH 的操作方法如下。

1. 调零

将复合电极[1]的一端插在酸度计的后面插孔内，电极头浸泡在蒸馏水中。接通电源，仪器预热 30min。

2. 调节零点、温度和定位[2]

（1）测量试液的温度，将温度调至溶液的温度。

（2）提起电极，用蒸馏水冲洗干净后用滤纸条吸干电极上的水。

（3）将 pH＝6.86 的缓冲溶液倒入标有 pH＝6.86 的烧杯中，插入电极，调至 6.86，将缓冲溶液倒回原瓶。

（4）重提起电极，用蒸馏水冲洗干净后用滤纸条吸干电极上的水。

（5）将 pH＝4.01（或 pH＝9.18）的缓冲溶液倒入标有 pH＝4.01（或 pH＝9.18）的烧杯中，插入电极，调至 pH＝4.01（或 pH＝9.18），将缓冲溶液倒回原瓶。

3. 测量、清洗和安装电极

用吸水纸将水吸干，将电极插入土壤悬浊液中，轻摇烧杯 2～3min 达到平衡后，读出该溶液的 pH。

测量完毕，关闭电源冲洗电极和烧杯，妥善保存电极。

附注

[1] 使用复合电极前，应在 3mol·L^{-1} KCl 溶液中浸泡 24h 以上。

[2] 经标定后，定位调节旋钮及斜率调节旋钮不应再有变动；一般情况下，在 24h 内仪器不需再标定。

【思考题】

1. 测量溶液 pH，为什么要用与待测液 pH 接近的标准缓冲溶液校正？校正时应注意什么问题？

2. 使用复合电极时，应注意哪些问题？

实验3-6 凝固点下降法测萘的分子量

【实验目的】

1. 学会凝固点下降法测定分子量的原理和方法，加深对稀溶液依数性的认识。

2. 练习移液管的使用。

3. 测定萘的分子量。

【实验原理】

根据稀溶液的依数性，难挥发的非电解质稀溶液的凝固点低于纯溶剂的凝固点，其凝固点降低值与溶液的质量摩尔浓度成正比，即

$$\Delta T_f = T_f^\circ - T_f = K_f b(B) \tag{3-10}$$

式中，T_f° 为纯溶剂的凝固点；T_f 为溶液的凝固点；ΔT_f 为凝固点降低值；K_f 为凝固点降低常数；$b(B)$ 为溶液的质量摩尔浓度。

若将 m_B g 溶质溶于 m_A g 溶剂中，则此稀溶液的质量摩尔浓度 $b(B)$ 为：

$$b(B) = \frac{m_B/M_B}{m_A} \tag{3-11}$$

式中，M_B 为溶质的摩尔质量（数值即分子量）。

将式 (3-10) 代入式 (3-11) 中可得：

$$\Delta T_f = K_f \frac{m_B \times 1000}{m_A M_B} \tag{3-12}$$

故

$$M_B = K_f \frac{m_B \times 1000}{m_A \times \Delta T_f} \tag{3-13}$$

由上式可以看出，如果将一定量的溶质溶于一定量的溶剂之中，只要测得其凝固点降低值即可求出溶质的分子量。本实验采用步冷法测定凝固点。溶剂的凝固点是指在一个标准压力（即 101325Pa）下，其液相与固相共存时的平衡温度。将溶剂逐步冷却，在凝固之前，温度随时间变化是均匀下降的。当溶剂冷至凝固点以下时，固相仍不析出，即产生过冷现象，如图 3-9 中曲线 a 所示。当固相析出后，温度迅速回升至稳定的平衡温度，此平衡温度即为溶剂的凝固点 T_f°。

溶液的冷却曲线与纯溶剂有所不同。当有溶剂的固相析出时，剩余溶液的浓度逐渐增大，平衡温度亦随之逐渐下

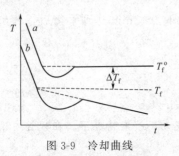

图 3-9　冷却曲线

降，如图 3-9 中曲线 *b* 所示。如果过冷程度不大，可以将温度回升的最高值近似地作为溶液的凝固点。但往往由于过冷程度较大，冷却时回升的温度低于凝固点。为校正这一偏差，可将回升后又降低的曲线延长（见图 3-9 曲线中虚线部分），将其延长线与溶液温度下降曲线的交点所对应的温度作为溶液的凝固点 T_f。

因此，由图可求出凝固点降低值 ΔT_f，进而可求得该稀溶液溶质的分子量。

【仪器与试剂】

仪器：浴槽（可采用 500mL 烧杯）、试管（30mm×200mm）、温度计（−10～50℃，0.1℃分刻度）玻璃搅拌器、移液管（20mL）、秒表、分析天平、称量纸、冰块。

试剂：环己烷、萘。

【实验内容】

1. 溶剂凝固点的测定

（1）实验装置如图 3-10 所示。将碎冰块加入浴槽中，再加入适量的盐。

（2）用移液管吸取 20.00mL 环己烷（密度为 0.778g·mL^{-1}），加入干燥、洁净的试管中，安装好温度计和搅拌棒。

（3）将试管插入冰水浴槽中，同时开始记录时间和对应的温度，并不断均匀地搅拌，每隔 30s 记录一次温度变化。当温度冷至接近环己烷凝固点（5.5℃）时，暂时停止搅拌，待过冷到凝固点以下 0.5℃左右再继续搅拌，直至温度回升到最高点稳定时为止。

（4）取出试管，用手温将环己烷熔化，留待下一步操作使用。

2. 溶液凝固点的测定

（1）在分析天平上称取 0.9～1.1g 萘（精确至 0.001g），倒入试管中，并使之充分溶于环己烷中。

（2）按照溶剂凝固点的测定方法测定萘-环己烷溶液的凝固点。当温度过冷回升至最高点后，并不像纯溶剂那样保持恒定，而是缓慢下降。此后再记录 5～8 次温度变化为止。

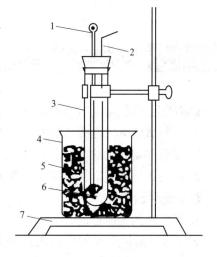

图 3-10 测定溶液凝固点仪器装置示意

1—精密温度计；2—搅拌棒；3—大试管；
4—烧杯；5—水和冰；
6—被测溶液；7—铁架台

【数据记录和处理】

1. 数据记录

（1）溶剂的时间-温度记录　　　　　　　　　　　　　　$V=$　　mL

时间/min	0	0.5	1	1.5	2	2.5	3	3.5	…
温度/℃									

（2）溶液的时间-温度记录　　　　　　　　　　　　　　$m=$　　g

时间/min	0	0.5	1	1.5	2	2.5	3	3.5	…
温度/℃									

2. 数据处理

(1) 以温度对时间作冷却曲线，由图求出溶剂和溶液的凝固点，再算出 ΔT_f。

(2) 将环己烷的体积折算成质量。

(3) 已知环己烷 $K_f = 20.2 \text{K·kg·mol}^{-1}$，根据式 (3-13) 求出萘的分子量。

(4) 将萘分子量的理论值 $M = 128.17$ 与实验值比较，计算出相对误差。

 【思考题】

1. 为什么会产生过冷现象？

2. 为什么溶剂和溶液的冷却曲线有所不同？

3. 萘-环己烷溶液太浓或太稀对实验有无影响？

实验3-7 碱浓度的标定和有机酸摩尔质量的测定

【实验目的】

1. 掌握碱溶液浓度的标定方法。

2. 掌握测定有机酸摩尔质量的方法。

3. 进一步练习滴定管、移液管的使用，学习容量瓶的使用。

【实验原理】

1. 碱溶液浓度的标定

碱溶液一般常用 NaOH 溶液。NaOH 易吸潮，也易吸收空气中的 CO_2，使得溶液中含有 Na_2CO_3。因此只能用间接配制法，即先配制近似所需浓度的标准溶液，然后用基准物质标定其准确浓度。

配制不含 Na_2CO_3 的 NaOH 标准溶液的方法很多，最常用的是浓碱法。用于配制 NaOH 溶液的水，应为新煮沸放冷的蒸馏水，以避免 CO_2 的干扰。

标定碱溶液的基准物质很多，如草酸（$H_2C_2O_4 \cdot 2H_2O$）、苯甲酸（C_6H_5COOH）、邻苯二甲酸氢钾（$HOOCC_6H_4COOK$）、氨基磺酸（NH_2SO_3H）等。目前最常用的是邻苯二甲酸氢钾，其具有易于干燥、不吸湿、摩尔质量大等优点。滴定反应如下：

$$HOOCC_6H_4COOK + NaOH \Longrightarrow NaOOCC_6H_4COOK + H_2O$$

化学计量点时，由于弱酸盐的水解，溶液呈弱碱性，应选用酚酞作指示剂。

2. 有机酸摩尔质量的测定

大多数有机酸为弱酸，它们和 NaOH 溶液的反应为：

$$n\text{NaOH} + H_nA(\text{有机酸}) \Longrightarrow Na_nA + nH_2O$$

当有机酸的解离常数 $K_a \geqslant 10^{-7}$，且多元有机酸中的氢均能被准确滴定时，用酸碱滴定法可以测定有机酸的摩尔质量。测定时，n 值需已知。滴定产物是强碱弱酸盐，故可选用酚酞作指示剂。

【仪器与试剂】

仪器：容量瓶（250mL）、锥形瓶（250mL）、移液管（25mL）、烧杯（100mL）、量筒（100mL）、洗瓶、洗耳球、玻璃棒。

试剂：邻苯二甲酸氢钾（s、105～110℃干燥）、草酸（s）、柠檬酸（s）、NaOH溶液、酚酞指示剂。

【实验内容】

1. 0.1mol·L^{-1} NaOH标准溶液浓度的标定

在分析天平上用减量法准确称取邻苯二甲酸氢钾0.4～0.6g于锥形瓶中，加20～30mL煮沸冷却的蒸馏水，使之溶解，加入1～2滴酚酞指示剂，以待标定的NaOH溶液滴定至微粉色（30s不褪色）即为终点。记录消耗NaOH溶液的体积。平行测定三次，计算NaOH溶液的准确浓度。

2. 测定有机酸的摩尔质量

用减量法准确称取有机酸试样1.5～1.7g于100mL烧杯中，加水溶解，定量转移至250mL容量瓶中，用水稀释至刻度，摇匀备用。用移液管移取25.00mL试液于250mL锥形瓶中，加入酚酞指示剂1～2滴，以NaOH标准溶液滴定至微粉色（30s不褪色）即为终点。记录消耗NaOH溶液的体积。平行测定三次，计算有机酸试样的摩尔质量。

【数据记录与处理】

1. 0.1mol·L^{-1} NaOH标准溶液浓度的标定

记录项目 ＼ 序号		I	II	III
$m(KHC_8H_4O_4)$/g				
NaOH初读数/mL				
NaOH终读数/mL				
$V(NaOH)$/mL				
$c(NaOH)$/mol·L^{-1}	测定值			
	平均值			
相对平均偏差/%				

2. 有机酸摩尔质量测定

$c(NaOH)$：　　　　　　　　试样号：

记录项目 ＼ 序号		I	II	III
m(有机酸)/g				
V(有机酸)/mL				
NaOH初读数/mL				
NaOH终读数/mL				
$V(NaOH)$/mL				
M(有机酸)/g·mol^{-1}	测定值			
	平均值			
相对平均偏差/%				

【思考题】

1. 标定 $0.1 mol \cdot L^{-1}$ NaOH 实验中，称取邻苯二甲酸氢钾质量 $0.4 \sim 0.6g$ 是如何计算出来的？

2. 草酸、柠檬酸、酒石酸等多元有机酸能否用 NaOH 溶液分步滴定？

实验3-8 醋酸解离度和解离常数的测定

【实验目的】

1. 掌握弱酸解离度和解离常数的测定原理和方法。

2. 学会刻度吸管、容量瓶的使用方法，熟练滴定操作。

3. 学会 pH 计的使用方法。

【实验原理】

醋酸（CH_3COOH 或简写为 HAc）是弱电解质，在水溶液中存在下列解离平衡：

$$HAc + H_2O \rightleftharpoons H_3O^+(H^+) + Ac^-$$

$$K_a = \frac{c_{eq}(H^+)c_{eq}(Ac^-)}{c_{eq}(HAc)} \tag{3-14}$$

式中，K_a 为 HAc 的解离常数；c_{eq} 为平衡浓度。

醋酸的解离度可表示为：

$$\alpha(HAc) = \frac{c_{eq}(H^+)}{c(HAc)} \times 100\% \tag{3-15}$$

式中，$\alpha(HAc)$ 为 HAc 的解离度；$c(HAc)$ 为 HAc 溶液的原始浓度，简写成 c。

在一定温度下，用酸度计测定一系列已知准确浓度 HAc 溶液的 pH，根据 $pH = -lg c(H^+)$，求出 $c(H^+)$，再利用式(3-15)，就可求出不同浓度 HAc 溶液的解离度。

将 $c_{eq}(H^+) = c_{eq}(Ac^-) = c\alpha$ 和 $c_{eq}(HAc) = c(HAc) - c_{eq}(H^+)$ 代入式(3-14)，算出该温度下 HAc 的解离常数 K_a。

$$K_a = \frac{c_{eq}(H^+)c_{eq}(Ac^-)}{c_{eq}(HAc)} = \frac{c\alpha c\alpha}{c - c\alpha} = \frac{c\alpha^2}{1-\alpha}$$

$\alpha < 5\%$ 时，$K_a = c\alpha^2$。

[注：HAc 的准确浓度 $c(HAc)$，用 NaOH 标准溶液滴定测得。]

【仪器与试剂】

仪器：酸度计、滴定管、移液管（25mL）、刻度吸管（10mL）、容量瓶（50mL）3 个、烧杯（50mL）4 个、锥形瓶（250mL）3 个、洗耳球、滴管、洗瓶。

试剂：$0.1 mol \cdot L^{-1}$ HAc 溶液、$0.10 mol \cdot L^{-1}$ NaOH 标准溶液（提前标定）、酚酞。

【实验内容】

1. 醋酸溶液浓度的测定

用移液管吸取 25.00mL HAc 溶液，置于锥形瓶中，加 2～3 滴酚酞指示剂，分别用

NaOH 标准溶液滴定至溶液呈现微红色，30s 内不褪色为止，记下所用 NaOH 溶液的体积，平行滴定 3 次，计算醋酸的浓度。

2. 配制不同浓度的 HAc 溶液

分别取 25.00mL、5.00mL 和 2.50mL 已测定过浓度的 HAc 溶液，分别放入 3 个 50mL 容量瓶中，用蒸馏水稀释至刻度，摇匀，配制不同浓度的 HAc 溶液。

3. 测定 HAc 溶液的 pH

分别取 4 种不同浓度的 HAc 溶液于 4 个干燥的 50mL 烧杯中，按由稀到浓的顺序分别用酸度计测定 HAc 溶液的 pH，并记录数据和室温。分别计算出不同浓度的 HAc 溶液的 $\alpha(HAc)$ 和 $K_a^{\ominus}(HAc)$，计算测定温度下 HAc 标准解离常数的平均值。

【数据记录与处理】

1. 醋酸溶液的标定

记录项目 ＼ 序号		I	II	III
$c(NaOH)/mol \cdot L^{-1}$				
NaOH 初读数/ mL				
NaOH 终读数/ mL				
$V(NaOH)$/ mL				
$V(HAc)$/ mL				
$c(HAc)/mol \cdot L^{-1}$	测定值			
	平均值			
相对平均偏差 / %				

2. 醋酸溶液 pH 的测定

编号	c	pH	$c(H^+)$	α	K_a	pK_a	pK_a 平均值
1							
2							
3							
4							

【思考题】

1. 改变 HAc 溶液浓度时，HAc 的标准解离常数和解离度是否发生变化?

2. 测定 HAc 溶液的 pH 时，为什么要从稀到浓的顺序进行测定?

实验3-9 硫酸钙溶度积的测定

【实验目的】

1. 了解使用离子交换树脂的一般方法。

2. 了解用离子交换法测定难溶电解质的溶解度和溶度积的方法。

3. 练习酸碱滴定的基本操作。

【实验原理】

离子交换树脂是指分子中具有离子交换基团的高分子化合物。含有酸性基团而能与其他物质交换阳离子的称为阳离子交换树脂，含有碱性基团而能与其他物质交换阴离子的称为阴离子交换树脂。

交换原理（阳离子）：$R-SO_3^- \cdots H^+$

起交换作用的阳离子

本实验用强酸型阳离子交换树脂交换饱和硫酸钙溶液中的 Ca^{2+}，其交换反应为：

$$2R-SO_3H + Ca^{2+} \rightleftharpoons (R-SO_3)_2Ca + 2H^+$$

由于硫酸钙是微溶盐，溶解并达到饱和状态后，水溶液中除了 Ca^{2+}、SO_4^{2-} 外，还有离子对形式的硫酸钙存在于溶液中，因此存在下列平衡：

$$CaSO_4(s) \rightleftharpoons Ca^{2+}SO_4^{2-}(aq) \rightleftharpoons Ca^{2+} + SO_4^{2-} \tag{3-16}$$

当溶液流经树脂时，由于 Ca^{2+} 被交换，式(3-16)平衡向右移动，$CaSO_4(aq)$ 解离完全，结果全部 Ca^{2+} 被交换为 H^+，从流出液的 $[H^+]$ 可计算出 $CaSO_4$ 的摩尔溶解度 y（以 $mol \cdot L^{-1}$ 表示）。

$$y = [Ca^{2+}] + [CaSO_4(aq)] = \frac{[H^+]}{2} \tag{3-17}$$

$[H^+]$ 可用 NaOH 标准溶液滴定而确定，每毫升 $CaSO_4$ 饱和溶液通过交换树脂相应的 y 值计算如下：

$$y = \frac{[H^+]}{2} = \frac{c_{NaOH}V_{NaOH}(mL)}{2 \times 25mL}$$

从溶解度计算 $CaSO_4$ 溶度积的过程如下：

按式(3-16) $CaSO_4$ 在溶液中的平衡关系

$$K_d = \frac{[Ca^{2+}][SO_4^{2-}]}{[CaSO_4(aq)]}$$

式中，K_d 称为离子对解离常数，对 $CaSO_4$ 来说，25℃时

$$K_d = 5.2 \times 10^{-3}$$

设饱和 $CaSO_4$ 溶液中 $[Ca^{2+}] = s$，则 $[SO_4^{2-}] = s$，由式(3-17)

$$[CaSO_4(aq)] = y - s$$

则

$$\frac{[Ca^{2+}][SO_4^{2-}]}{[CaSO_4(aq)]} = \frac{s^2}{y-s} = 5.2 \times 10^{-3}$$

$$s^2 + 5.2 \times 10^{-3}s - 5.2 \times 10^{-3}y = 0$$

$$s = \frac{-5.2 \times 10^{-3} \pm \sqrt{2.7 \times 10^{-5} + 2.08 \times 10^{-2}y}}{2}$$

按溶度积定义即可计算出 K_{sp}

$$K_{sp} = [Ca^{2+}][SO_4^{2-}] = s^2$$

【仪器与试剂】

仪器：离子交换柱、移液管（25mL）、锥形瓶（250mL）、烧杯（100mL）、量筒

（100mL）、洗瓶、滴定管、电热板、漏斗、滤纸、玻璃棒、表面皿、洗耳球、温度计。

试剂：NaOH 标准溶液（约 $0.0400\text{mol}\cdot\text{L}^{-1}$，滴定前标定其准确浓度）、$CaSO_4(s)$、$HCl(2\text{mol}\cdot\text{L}^{-1})$、强酸型阳离子交换树脂、溴百里酚蓝指示剂、玻璃纤维、pH 试纸。

【实验内容】

1. 制备 $CaSO_4$ 饱和溶液

过量 $CaSO_4$ 固体溶于经煮沸除去 CO_2 的蒸馏水中，加热搅拌，冷却至室温，记录饱和溶液的温度，并用定量滤纸过滤（所用的玻璃棒、漏斗和容器是干燥的），滤液为 $CaSO_4$ 的饱和溶液。

2. 装柱

在洗净的离子交换柱的底部填入少量玻璃纤维，将用蒸馏水浸泡 24～28h 的钠型阳离子交换树脂和蒸馏水一起注入交换柱内。打开交换柱下端螺旋夹，让水慢慢流出，直到液面高于离子交换树脂 2cm 左右，夹紧螺旋夹。在装柱和以后树脂的转型和交换过程中，要注意液面始终要高出离子交换树脂，并且交换树脂中不能有断层或气泡，否则会影响交换结果。

3. 转型

为了确保 Ca^{2+} 完全交换成 H^+，在进行离子交换前，必须将钠型树脂完全转变为氢型。用 130mL $2\text{mol}\cdot\text{L}^{-1}$ HCl 分批加入交换柱，以 $30\text{ 滴}\cdot\text{min}^{-1}$ 的流速流过树脂（若实验室已酸化处理了树脂，可将酸化树脂装柱后直接用蒸馏水淋洗），继续用蒸馏水淋洗树脂直到流出液呈中性（用 pH 试纸检验）。

4. 交换和洗涤

用移液管准确移取 25.00mL $CaSO_4$ 饱和溶液，放入 100mL 烧杯中，然后分批倒入离子交换柱中，控制交换柱流出液的速度为 $25\text{ 滴}\cdot\text{min}^{-1}$。用洗净的 250mL 锥形瓶承接流出液，待 $CaSO_4$ 饱和溶液全部流出后，加蒸馏水淋洗树脂，至流出液为中性（用 pH 试纸检验）。流出液一并承接在锥形瓶中。在整个交换和洗涤过程中注意流出液不要损失。

5. 滴定

将锥形瓶中流出液用 NaOH 标准溶液滴定，加溴化百里酚蓝指示剂 3 滴，溶液由黄色转变为鲜明的蓝色即为终点。记下滴定所消耗的 NaOH 标准溶液的体积，并计算 $CaSO_4$ 的摩尔溶解度和溶度积。

【数据记录与处理】

$c(\text{NaOH})$：　　　　　　　　室温 t：＿＿＿＿＿＿℃

记录项目 \\ 序号		I	II	III
$CaSO_4$ 饱和溶液的温度 $t/℃$				
$V(CaSO_4)/\text{mL}$				
NaOH 初读数/mL				
NaOH 终读数/mL				
$V(\text{NaOH})/\text{mL}$				
$y(CaSO_4)/\text{mol}\cdot\text{L}^{-1}$				
$K_{sp}(CaSO_4)$	测定值			
	平均值			
相对平均偏差/%				

【思考题】

1. 市售的阳离子交换树脂大多数为钠型的，本次实验使用前为什么要交换成氢型的？
2. 为什么要精确量取 $CaSO_4$ 溶液的体积？
3. 离子交换操作过程中，为什么要控制液体流速不宜过快？为什么要自始至终注意液面不得低于离子交换树脂？

实验3-10 化学反应速率与活化能的测定

【实验目的】

1. 通过实验了解浓度、温度和催化剂对反应速率的影响。
2. 加深活化能的理解，并学习根据实验数据作图的方法。
3. 测定过二硫酸钾与碘化钾的反应速率，并求算一定温度下的反应速率常数。

【实验原理】

化学反应速率是指在一定条件下，化学反应中的反应物转变为生成物的速率，反应物本质、反应物浓度、温度以及催化剂是影响化学反应速率的因素。

对于反应：
$$aA + bB \longrightarrow cC$$

在一定温度下，其反应瞬时速率表示为：$v = kc^m(A)c^n(B)$

式中，k 为反应速率常数；m 与 n 之和为反应级数。

一定温度下，不同的化学反应，速率都不一样。有的反应是很缓慢的，有的反应是瞬间完成。本实验选择在水溶液中 $K_2S_2O_8$ 和 KI 的反应，此反应在室温条件下速率适中并相对易于测定的速率进行。

$$K_2S_2O_8 + 3KI = 2K_2SO_4 + KI_3 \tag{3-18}$$

离子方程式：

$$S_2O_8^{2-} + 3I^- = 2SO_4^{2-} + I_3^- \tag{1}$$

根据方程其瞬时速率可表示为 $v = kc^m(S_2O_8^{2-})c^n(I^-)$

本实验中能测定的速率是在一段时间（Δt）内，反应的平均速度（$\bar{v}$），$\bar{v} = \dfrac{\Delta c(S_2O_8^{2-})}{\Delta t}$

如果在 Δt 内 $S_2O_8^{2-}$ 浓度的减少值用 $\Delta c(S_2O_8^{2-})$ 来表示，则平均速率：

$$\bar{v} = \frac{\Delta c(S_2O_8^{2-})}{\Delta t} = kc^m(S_2O_8^{2-})c^n(I^-)$$

由于本实验在 Δt 时间内反应物浓度变化很小，所以可以认为瞬时速率近似等于平均速率。

为了能够测定出在一定 Δt 时间内的 $\Delta c(S_2O_8^{2-})$，在混合 $K_2S_2O_8$ 和 KI 溶液时，同时加入一定体积的已知浓度并含有淀粉（指示剂）的 $Na_2S_2O_3$ 溶液。这样在反应进行的同时，也进行着如下的反应：

$$2S_2O_3^{2-} + I_3^- \Longrightarrow S_4O_6^{2-} + 3I^- \tag{3-19}$$

反应(3-19)进行得非常快，几乎瞬间完成，而反应(3-18)却慢得多，由反应(3-18)生成的 I_3^- 立刻与 $S_2O_3^{2-}$ 作用，生成了无色的 $S_4O_6^{2-}$ 和 I^-。因此一旦 $Na_2S_2O_3$ 耗尽，由反应(3-18)生成的 I_3^- 立刻与淀粉作用使溶液呈现出蓝色。由于在 Δt 时间内 $S_2O_3^{2-}$ 全部耗尽，浓度最后为零，所以 $S_2O_3^{2-}$ 的减少值 $\Delta c(S_2O_3^{2-})$ 等于反应开始时 $S_2O_3^{2-}$ 的浓度。再由反应(3-18)和反应(3-19)的关系可以得出：

$$\Delta c(S_2O_8^{2-}) = \frac{\Delta c(S_2O_3^{2-})}{2}$$

将瞬时速率表达式 $v = kc^m(S_2O_8^{2-})c^n(I^-)$ 的两边取对数，则得下式：

$$\lg v = m\lg c(S_2O_8^{2-}) + n\lg c(I^-) + \lg k$$

当 $c(I^-)$ 不变时，以 $\lg v$ 对 $\lg c(S_2O_8^{2-})$ 作图（作图法见附注）可得一直线，其斜率为 m。同理当 $c(S_2O_8^{2-})$ 不变时，以 $\lg v$ 对 $\lg c(I^-)$ 作图可得一直线，其斜率为 n。将求得的 m、n 以及计算得出的 v 代入公式 $v = kc^m(S_2O_8^{2-})c^n(I^-)$，即可求算出反应速率常数 k。

温度对化学反应速率的影响很显著，反应速率常数和温度之间的定量关系为：

$$\lg k = -\frac{E_a}{2.303RT} + \lg A$$

式中，E_a 为反应的活化能；R 为气体常数；T 为热力学温度；A 为一常数，称为指前因子（或常数因子）。

在不同温度下进行反应物浓度相同的反应，测定其反应速率，计算反应常数 k 之后，以 $\lg k$ 对 $1/T$ 作图可得一直线，其斜率为 $-\dfrac{E_a}{2.303R}$，由此可求出活化能。

【仪器与试剂】

仪器：烧杯（250mL）、量筒（20mL、10mL、5mL）、温度计、秒表、恒温水浴锅、磁力搅拌器、磁子、玻璃棒、滴管。

试剂：$K_2S_2O_8$（0.10mol·L^{-1}）、KI（0.20mol·L^{-1}）、$Na_2S_2O_3$（0.010mol·L^{-1}）、KNO_3（0.20mol·L^{-1}）、K_2SO_4（0.10mol·L^{-1}）、$Cu(NO_3)_2$（0.020mol·L^{-1}）、0.2%淀粉溶液。

【实验步骤】

1. 浓度对化学反应速率的影响

用量筒分别取 20.0mL 0.2mol·L^{-1} KI 溶液、4.0mL 0.2%淀粉溶液、8.0mL 0.01mol·L^{-1} $Na_2S_2O_3$ 溶液，倒入 250mL 烧杯中摇匀，然后用量筒取 20.0mL 0.10mol·L^{-1} $K_2S_2O_8$ 溶液，迅速倒入上面烧杯中，同时开启秒表，并用磁力搅拌器搅拌，仔细观察。当溶液刚刚开始出现蓝色时，按停秒表，记录反应所需的时间及反应温度。

用同样的方法按照表 3-3 中的用量完成Ⅱ、Ⅲ、Ⅳ、Ⅴ的四次实验。为了使溶液的离子强度和总体积不变，所减少的 KI 和 $K_2S_2O_8$ 的用量分别用 KNO_3 和 K_2SO_4 来补充。

表 3-3 浓度对反应速率的影响

	实验序号	I	II	III	IV	V
试剂用量/mL	$0.10\,mol \cdot L^{-1}$ $K_2S_2O_8$	20.0	10.0	5.0	20.0	20.0
	$0.20\,mol \cdot L^{-1}$ KI	20.0	20.0	20.0	10.0	5.0
	$0.01\,mol \cdot L^{-1}$ $Na_2S_2O_3$	8.0	8.0	8.0	8.0	8.0
	0.2%淀粉溶液	4.0	4.0	4.0	4.0	4.0
	$0.20\,mol \cdot L^{-1}$ KNO_3	0	0	0	10.0	15.0
	$0.10\,mol \cdot L^{-1}$ K_2SO_4	0	10.0	15.0	0	0

2. 温度对化学反应速率的影响

用同样的方法按表 3-3 中实验序号 IV 的试剂用量，在分别比室温高 10℃、20℃ 温度条件下，重复上述实验，记录时间和温度。

注：将分别盛有 KI 等混合溶液和 $K_2S_2O_8$ 的 2 个烧杯放入恒温水浴锅中升温，待试液温度达到所需温度时，将 $K_2S_2O_8$ 溶液倒入混合溶液中，搅拌。

3. 催化剂对化学反应速率的影响

Cu^{2+} 可以催化上述反应(3-19)，加入微量 Cu^{2+} 可以使反应速率加快。按表 3-3 中实验序号 IV 的试剂用量，加 2 滴 $0.02\,mol \cdot L^{-1}$ $Cu(NO_3)_2$ 溶液，将 $K_2S_2O_8$ 溶液倒入盛有 KI 等混合溶液的烧杯，搅拌，记录时间。

【数据记录与处理】

1. 浓度对反应速率的影响

	实验序号	I	II	III	IV	V
	试剂总用量/mL					
起始浓度 /mol·L^{-1}	$K_2S_2O_8$					
	KI					
	$Na_2S_2O_3$					
	反应时间 $\Delta t/s$					
	反应速率 $v/mol \cdot L^{-1} \cdot s^{-1}$					
	$\lg v$					
	$\lg c(K_2S_2O_8)$					
	$\lg c(KI)$					
	m					
	n					
	反应速率常数 k					

2. 温度对反应速率的影响

实验序号	反应温度(T)	反应时间/s	反应速率	反应速率常数 k	$\lg k$	$1/T$	E_a
IV							
VI							
VII							

以 $\lg k$ 对 $1/T$ 作图，可得一直线，其斜率为 $-\dfrac{E_a}{2.303R}$，由此可求出活化能 E_a，文献查得活化能理论值为 $E_a = 52.79\text{kJ}\cdot\text{mol}^{-1}$。

3. 催化剂对反应速率的影响

实验序号	加入 $0.02\text{mol}\cdot\text{L}^{-1}$ $Cu(NO_3)_2$ 的滴数	反应时间/s	反应速率
Ⅳ			
Ⅷ			

附注

Excel 作图求斜率方法：打开 Excel，输入 X、Y 数据 [本实验求 m 时 $\lg c(S_2O_8^{2-})$ 为 X，对应的 $\lg v$ 为 Y] →选定数据→插入→散点图→选第一个图→出现曲线→右击曲线中"点"处→选定添加趋势线→选定"显示公式"→即出现曲线和公式，从公式即可得出斜率。

 【思考题】

1. 根据化学反应方程式是否能确定反应级数？结合本实验加以说明。
2. 若不用 $S_2O_8^{2-}$，而用 I^- 的浓度变化来表示反应速率，则反应速率常数 k 是否一样？
3. 反应溶液出现蓝色后，反应是否终止了？
4. 总结实验结果，说明各种因素（浓度、温度、催化剂）如何影响化学反应速率。

第4章 物质的制备、提纯与提取

实验4-1 药用氯化钠的制备及杂质限度检查

【实验目的】
1. 掌握药用氯化钠的制备原理和方法。
2. 练习和巩固称量、控制沉淀条件、减压过滤、蒸发、结晶和干燥等基本操作技术。
3. 初步了解药品的杂质限度检查方法。

【实验原理】
粗食盐中含有不溶性杂质（如泥沙等）和可溶性杂质（主要是 Ca^{2+}、Mg^{2+}、SO_4^{2-} 和 K^+ 等）。不溶性杂质可用溶解和过滤的方法除去。可溶性杂质（Ca^{2+}、Mg^{2+}、Fe^{3+}、SO_4^{2-}）的除去是在粗食盐溶液中先加入稍微过量的 $BaCl_2$ 溶液，将 SO_4^{2-} 转化为难溶的 $BaSO_4$ 沉淀：

$$Ba^{2+} + SO_4^{2-} = BaSO_4 \downarrow$$

将溶液过滤可除去 $BaSO_4$ 沉淀。在其滤液中加入过量的 NaOH 和 Na_2CO_3 溶液，食盐溶液中的杂质 Mg^{2+}、Ca^{2+}、Fe^{3+} 以及沉淀 SO_4^{2-} 时加入的过量 Ba^{2+}，相应转化为难溶的沉淀，通过过滤的方法可除去，其反应式是：

$$Mg^{2+} + 2OH^- = Mg(OH)_2 \downarrow$$
$$Ca^{2+} + CO_3^{2-} = CaCO_3 \downarrow$$
$$Ba^{2+} + CO_3^{2-} = BaCO_3 \downarrow$$
$$Fe^{3+} + 3OH^- = Fe(OH)_3 \downarrow$$

过量的 NaOH 和 Na_2CO_3 用 HCl 中和 OH^- 和分解 CO_3^{2-}：

$$OH^- + H^+ = H_2O$$
$$CO_3^{2-} + 2H^+ = H_2O + CO_2 \uparrow$$

少量可溶性杂质（如 KCl）在蒸发、浓缩和结晶过程中，不会和 NaCl 同时结晶出来，仍留在母液中而除去。

硫酸盐、钡盐、钾盐、钙盐、镁盐的限度检验，是根据沉淀反应的原理，样品管和标准管在相同条件下进行比浊试验，样品管不得比标准管更深。

【仪器与试剂】
仪器：台秤、量筒（50mL、10mL）、烧杯（100mL）、洗瓶、表面皿、玻璃棒、试管、胶头滴管、蒸发皿、布氏漏斗、吸滤瓶、酒精灯、石棉网、铁圈、坩埚钳、循环水真空泵。

试剂：粗食盐、HCl（0.02mol·L^{-1}、0.1mol·L^{-1}、2mol·L^{-1}）、NaOH（0.02mol·L^{-1}、2mol·L^{-1}）、Na$_2$CO$_3$（饱和）、BaCl$_2$（25%、1mol·L^{-1}）、（NH$_4$）$_2$C$_2$O$_4$（0.1mol·L^{-1}）、H$_2$SO$_4$（0.2mol·L^{-1}）、NaH$_2$PO$_4$（0.1mol·L^{-1}）、硫酸钾标准溶液、氯试液、氨试液、三氯甲烷、溴麝香草酚蓝指示剂、滤纸、pH试纸。

【实验内容】

1. 药用氯化钠的制备

（1）粗食盐的提纯

称取10g粗食盐于100mL烧杯中，加入50mL蒸馏水，搅拌并加热使其溶解，在酒精灯上加热至近沸腾时，在搅拌下逐滴加入1mol·L^{-1} BaCl$_2$溶液至沉淀完全（约2mL）。为了检验沉淀是否完全，可将烧杯从石棉网上取下，待沉淀沉降后，沿烧杯壁向上层清液中加入1~2滴BaCl$_2$溶液，观察澄清液中是否有浑浊现象，若无浑浊现象，则SO$_4^{2-}$已沉淀完全；若有浑浊现象，则需继续滴加BaCl$_2$溶液，直至上层清液在加入1滴BaCl$_2$后不产生浑浊现象为止。沉淀完全后，继续加热煮沸3min，以便颗粒长大而易于沉淀和过滤。抽滤，可将BaSO$_4$及原来不溶性杂质一起除去。沉淀弃去得滤液甲。

将滤液甲转移至一干净的100mL烧杯中，加热至沸，逐滴加入Na$_2$CO$_3$饱和溶液至不再有沉淀生成。沉淀是否完全检查方法是待沉淀沉降后，于上层清液中滴加Na$_2$CO$_3$饱和溶液后不产生浑浊现象为止。加少量2mol·L^{-1} NaOH溶液，使溶液pH=10~11。加热煮沸3min。抽滤，弃去沉淀得滤液乙。

将滤液乙移入蒸发皿内，在搅拌下滴加2mol·L^{-1} HCl至溶液pH=4~5，加热蒸发浓缩，并不断搅拌，滤液浓缩至糊状稠液，趁热抽滤至干。

（2）重结晶

将滤得的氯化钠固体移入蒸发皿，加适量蒸馏水不断搅拌至完全溶解为止，再加热蒸发浓缩至糊状稠液，趁热抽滤至干。产品放在蒸发皿中，用小火炒干，放冷，称重，计算产率。

2. 成品氯化钠杂质限度检查

（1）溶液的澄清度

取成品0.5g，加蒸馏水至3mL溶解后，溶液应澄清。

（2）酸碱度

取成品0.5g，加12.5mL蒸馏水溶解后，加溴麝香草酚蓝指示剂2滴，如显黄色，加0.02mol·L^{-1} NaOH溶液1~2滴，应变为蓝色；如显蓝色或绿色，加0.02mol·L^{-1} HCl溶液1~2滴，应变为黄色。氯化钠为强酸强碱盐，在水溶液中应呈中性。但在制备过程中，可能夹杂少量酸或碱，所以药典把酸碱度限制在很小范围。溴麝香草酚蓝指示剂的变色范围是pH=6.0（黄）~7.6（蓝）。

（3）碘化物与溴化物

取成品1.0g，加3mL蒸馏水溶解后，加三氯甲烷0.5mL，并滴加氯试液，边滴边振摇，三氯甲烷层不得显紫色、黄色或橙色。

（4）钡盐

取成品0.5g，加2.5mL蒸馏水溶解后，分为两等份，一份加0.2mol·L^{-1} H$_2$SO$_4$溶液0.25mL，另一份加蒸馏水0.25mL，静置15min后，两溶液应同样澄清。

（5）钙盐和镁盐

取成品1.0g，加5mL蒸馏水溶解后，加氨试液0.5mL，摇匀，分为两等份，一份加

0.1mol·L^{-1} (NH$_4$)$_2$C$_2$O$_4$ 溶液 0.25mL，另一份加 0.1mol·L^{-1} NaH$_2$PO$_4$ 溶液 0.25mL，5min 内均不得发生浑浊。

（6）硫酸盐

取成品 1.0g，加 8mL 蒸馏水溶解后，过滤，滤液中加 0.1mol·L^{-1} HCl 溶液 0.4mL，摇匀，即为样品液。另取硫酸钾标准溶液（每 1mL 相当于 100μg 的 SO$_4^{2-}$）0.2mL，加蒸馏水稀释至 8mL，加 0.1mol·L^{-1} HCl 溶液 0.4mL，摇匀，即为对照液。在样品液和对照液中，分别加入 25% BaCl$_2$ 溶液 1mL，用蒸馏水稀释使成 10mL，充分摇匀，放置 10min，比较，样品液颜色不得更深。

（7）铁盐、钾盐和重金属

略。

【数据记录与处理】

1. 药用氯化钠的制备

粗食盐的质量/g	
成品氯化钠质量/g	
产率/%	

2. 成品氯化钠杂质限度检查

检验项目	检验方法	实验现象	结论

 【思考题】

1. 粗食盐提纯的原理是什么？采用的是什么方法？为什么最后的氯化钠溶液不能蒸干？
2. 食盐原料中所含 K$^+$、I$^-$、Br$^-$ 等离子是怎样除去的？
3. 除去 SO$_4^{2-}$、Ca^{2+}、Mg^{2+}、K$^+$ 等离子时，为什么要先加入 BaCl$_2$ 溶液，然后再加入 Na$_2$CO$_3$ 溶液，最后加 HCl？是否可以改变加入次序？
4. 如果产率过高，可能的原因是什么？

实验4-2 阿司匹林的制备

【实验目的】

1. 掌握酰基化反应原理和阿司匹林的制备方法。

2. 熟悉重结晶、抽滤、熔点测定等基本操作。

【实验原理】

阿司匹林，学名为乙酰水杨酸，是一种常用的退热镇痛药。邻羟基苯甲酸（水杨酸）也具有止痛、退热和抗炎作用，但由于其对胃肠的刺激性大，因此最后改良成了乙酰水杨酸。水杨酸是一个双官能团（酚羟基和羧基）化合物，可以进行两种不同的酯化反应。本实验以浓硫酸作为催化剂，使水杨酸中的羟基与乙酸酐作用，生成乙酰水杨酸。

$$\text{苯环}(OH)(COOH) + (CH_3CO)_2O \xrightarrow{H^+} \text{苯环}(OOCCH_3)(COOH) + CH_3COOH$$

制备的乙酰水杨酸中含有反应不完全或后处理乙酰水杨酸分解而来的水杨酸，可以通过重结晶除去。乙酰水杨酸的纯度检验，可采用三氯化铁溶液。水杨酸中含有酚羟基，可以与三氯化铁发生颜色反应，而乙酰水杨酸中的酚羟基已被酰化，不能发生颜色反应。

纯乙酰水杨酸为白色针状结晶，熔点为 135～136℃，难溶于水，溶于乙醇、乙醚、氯仿等有机溶剂。

【仪器与试剂】

仪器：天平、锥形瓶（150mL）、烧杯（150mL、50mL）、量筒（10mL）、恒温水浴锅、抽滤瓶、布氏漏斗、循环水式真空泵、滤纸、玻璃棒。

试剂：水杨酸、乙酸酐、浓硫酸、无水乙醇、1% $FeCl_3$ 溶液。

【实验内容】

1. 阿司匹林的制备

称取 2g 水杨酸，放入 150mL 干燥的锥形瓶[1]中，用干燥的量筒量取 5mL 乙酸酐[2]慢慢加入，再滴加 5 滴浓硫酸，轻轻振摇，使水杨酸溶解，再将锥形瓶放在 80℃ 的水浴锅中加热[3]15min。取出锥形瓶，冷却至室温，即有阿司匹林晶体析出[4]。

将锥形瓶中的反应物，在搅拌下倒入盛有 30mL 冷水的烧杯中，用 20mL 冷水冲洗锥形瓶，冲洗液倒入烧杯中，然后将烧杯用冰水浴冷却约 20min，待晶体完全析出后，抽滤，得到的晶体每次用 4mL 冷水洗涤 2 次，抽干，得到阿司匹林（粗产品）。

取绿豆粒大的粗产品，溶解于 2mL 无水乙醇中，加 2 滴 1% $FeCl_3$ 溶液，观察颜色变化。

2. 阿司匹林的精制

将阿司匹林粗产品转移到干燥的 50mL 烧杯中，加 4mL 无水乙醇，在 60℃ 水浴上加热使其溶解（如不溶，可再加少量乙醇），再加 10mL 蒸馏水，继续在水浴上保温 2min。取出烧杯，冷却至室温，继续在冷水浴中冷却，使结晶完全析出，抽滤，晶体每次用 3mL 冷水洗涤两次，抽干，即得精制的阿司匹林。将阿司匹林产品干燥后，称其质量，计算产率。

取绿豆粒大的精制品，溶解于 2mL 无水乙醇中，加 2 滴 1% $FeCl_3$ 溶液，观察颜色变化，并与粗产品进行比较。

附注

[1] 制备中仪器和药品都要干燥。

[2] 乙酸酐必须在实验前进行蒸馏，收集 137～140℃ 馏分。乙酸酐对眼睛和皮肤的腐蚀性强烈，操作时应小心取用，避免接触热的蒸气。

[3] 反应温度要控制好，不能过高，避免副产物的增加。

[4] 如不结晶,可用玻璃棒摩擦瓶壁并将反应物置于冰水中冷却结晶产生。

【思考题】

1. 在浓硫酸存在下,水杨酸与甲醇作用将得到什么产物?写出反应方程式。
2. 乙酰水杨酸的粗产品和精产品用 $FeCl_3$ 溶液检查,其结果说明什么?

实验4-3 乙酸乙酯的制备

【实验目的】

1. 了解酯化反应的原理,学习由醇和羧酸制备酯的方法。
2. 进一步掌握蒸馏基本操作。
3. 学习并掌握分液漏斗的使用,液体化合物的洗涤及干燥等基本操作。

【实验原理】

乙酸乙酯是在少量浓硫酸催化作用下,由乙酸和乙醇反应生成。

$$CH_3COOH+CH_3CH_2OH \underset{110\sim125℃}{\overset{浓\ H_2SO_4}{\rightleftharpoons}} H_3CCOOC_2H_5+H_2O$$

由于酯化反应是可逆反应[1],一般只有 2/3 的原料转化成酯,为了获得酯的产率,根据化学平衡原理,可增加某一反应物的用量或减少生成物的浓度,以使平衡向生成乙酸乙酯的方向移动。本实验采用加过量乙醇以及不断将产物酯和水蒸出的措施,使平衡向右移动。反应中,浓硫酸起催化作用外,还吸收反应生成的水,使反应有利于乙酸乙酯的生成。

若反应温度超过 130℃,则促使副反应发生,生成乙醚。

$$2CH_3CH_2OH \underset{140\sim150℃}{\overset{浓\ H_2SO_4}{\longrightarrow}} CH_3CH_2OCH_2CH_3+H_2O$$

得到的粗产品中含有乙醇、乙酸、乙醚、水等杂质,需进行精制除去。

【仪器与试剂】

仪器:三口烧瓶 (50mL)、蒸馏烧瓶 (50mL)、锥形瓶 (50mL)、量筒 (10mL、5mL)、带有套管的150℃温度计、滴液漏斗、分液漏斗、直形冷凝管、蒸馏头、接液管、水浴锅、电热套。

试剂:95%乙醇、冰醋酸、浓硫酸、饱和碳酸钠溶液、饱和食盐水、饱和氯化钙溶液、无水硫酸钠、pH试纸。

【实验内容】

在 50mL 的三口烧瓶中加入 4mL 乙醇 (95%),在冷水冷却下,一边摇动一边慢慢加入 2mL 浓硫酸,加入几粒沸石。在三口烧瓶的一侧口插入温度计,中间装上滴液漏斗 (可用分液漏斗代替),漏斗中放入预先混合好的 6mL 95%乙醇和 6mL 乙酸的混合液。漏斗的末端角口和温度计的水银球必须浸在液面以下距瓶底 0.5~1cm 处,三口烧瓶的另一侧口用一个带塞子的 75°弯玻璃管,接上直形冷凝管装成类似蒸馏装置 (见图 4-1)。

将反应瓶用小火加热，当反应瓶内的温度上升到110℃时，开始滴加乙醇和乙酸的混合液，控制滴加速度不要太快[2]，并始终维持反应温度在110～125℃之间[3]，滴加完毕，继续加热，直到反应瓶中液体的温度上升到130℃不再有馏出液为止。

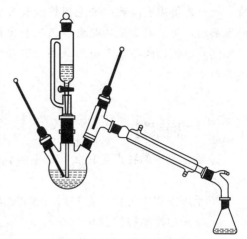

将馏出液转移至分液漏斗中，加入饱和碳酸钠溶液（约5mL），充分振荡（注意放气），以除去未反应的乙酸，直至不再有二氧化碳气体产生或上面酯层对pH试纸不显酸性为止[4]。然后静置，分去下层水溶液。酯层先用2mL饱和食盐水洗涤两次[5]，弃去水层，以除去过量的碳酸钠，降低酯的溶解度。再用2mL饱和氯化钙溶液分两

图4-1 乙酸乙酯的制备装置

次洗涤，以除去未反应的乙醇。弃去下层液，将上层酯从分液漏斗上口倒入干燥的50mL锥形瓶中，加入适量无水硫酸钠（或无水硫酸镁）干燥[6]。将干燥后的酯过滤到50mL蒸馏瓶中，在水浴上进行蒸馏，收集73～78℃的馏分。称量（或量体积），计算产率。

乙酸乙酯为无色液体，m. p. −83.6℃，b. p. 77.06℃，$d_4^{20}=0.9003$，$n_D^{20}=1.37237$。实验流程如下：

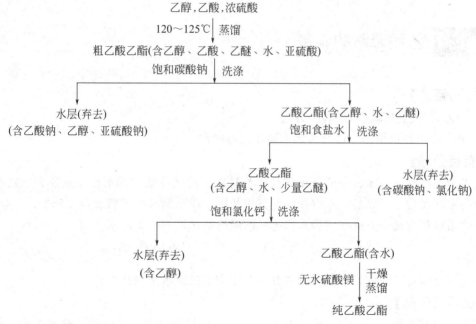

附注

[1] 为提高产率，反应物醇或酸过量，但何者过量取决于它们的价格和操作是否方便。

[2] 滴加速度不宜太快，否则，反应温度迅速下降，同时会使乙醇和乙酸来不及作用而被蒸出，影响产量。

[3] 温度太高，副产物增加。

[4] 检验酸层酸性时，先将试纸润湿，再滴上几滴酯。

[5] 当产品用饱和碳酸钠溶液洗后，直接用饱和氯化钙溶液洗涤，会产生碳酸钙絮状

物，使分离困难。因此，要先用饱和食盐水洗去过量的碳酸钠，由于乙酸乙酯在水中有一定的溶解度，为了减少酯的损失，用饱和食盐水代替水进行洗涤。

[6] 乙酸乙酯与水或醇形成共沸混合物，使沸点降低，因而使产率降低，所以必须充分洗涤和干燥。

【思考题】

1. 酯化反应的特点是什么？在本实验中采取哪些措施促使酯化反应尽量向生成酯的方向进行？

2. 反应过程中为什么要控制乙醇和乙酸混合液的滴加速度不要太快？

3. 反应温度始终控制在 100～120℃之间，温度过高对实验结果有什么影响？

4. 本实验中硫酸起什么作用？

5. 为什么乙酸乙酯产品不用无水氯化钙而用无水硫酸钠进行干燥？

6. 反应产物中含有哪些杂质？是用什么方法除掉的？

7. 简述本实验精制乙酸乙酯时加饱和碳酸钠、饱和食盐水、饱和氯化钙、无水硫酸镁的作用。

实验4-4 乙酰苯胺的制备

【实验目的】

1. 学习合成乙酰苯胺的原理和方法。
2. 进一步熟悉重结晶、过滤和热水漏斗过滤操作。

【实验原理】

乙酰苯胺可以通过苯胺与酰基化试剂如乙酰氯、乙酸酐或冰醋酸作用来制备。乙酰氯、乙酸酐与苯胺反应过于剧烈，不宜在实验室内使用，而冰醋酸与苯胺反应比较平稳，容易控制，且价格也最为便宜，故本实验采用冰醋酸做酰基化试剂。反应式为：

$$CH_3COOH + \underset{}{\bigcirc}-NH_2 \rightleftharpoons \underset{}{\bigcirc}-NHCOCH_3 + H_2O$$

由于该反应是可逆的，故在反应时要及时除去生成的水来提高产率。

【仪器与试剂】

仪器：圆底烧瓶（50mL）、锥形瓶（50mL）、空气冷凝管、分馏柱、热水漏斗、150℃温度计、抽滤装置一套。

试剂：苯胺、冰醋酸、锌粉、活性炭。

【实验内容】

向反应器内加入 4.5mL 新蒸馏的苯胺[1]（沸点 184℃，熔点 −6.3℃，相对密度 1.02）和 6mL 冰醋酸，以及少许锌粉[2]（0.1g），按图 4-2 装好仪器。

小火加热反应瓶，注意控制火焰，保持温度在 105℃[3]左右加热回流 0.5h，将反应中生成的水和部分乙酸蒸出，当温度下降或瓶内出现白雾时说明反应基本完成，停止加热。在搅拌下，将反应物趁热[4]倒入盛有 60mL 冷水的烧杯中，用玻璃棒充分搅拌，冷却至室温，以使乙酰苯胺结晶成细颗粒状，使之完全析出。结晶用布氏漏斗抽滤，再以少量冷蒸馏水洗涤，以除去残留的酸液，抽干，得粗产品。

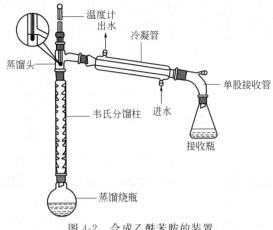

图 4-2 合成乙酰苯胺的装置

将所得粗产品移入盛有 80mL 热水的烧杯中，加热至沸，使之完全溶解，如有未溶解的油珠[5]，可补加热水，直到油珠全部溶解为止。停止加热，待 2~3min 后加少量活性炭（约 0.2g），在搅拌下再次加热煮沸 3~4min，然后进行热过滤。滤液冷却至室温，得到白色片状结晶。抽滤，将产品移至一个预先称量的表面皿中。晾干或在 100℃ 以下烘干。称量，计算产率。

乙酰苯胺是沸点为 305℃、熔点为 114.3℃ 的白色片状固体。

附注

[1] 久置的苯胺由于氧化而常常带有黄色，会影响产品的品质，所以在使用前应蒸馏。

[2] 锌粉的作用是防止苯胺氧化，同时起着沸石的作用，故本实验不需另加沸石。

[3] 温度过低水分除不掉，过高易将 HAc 蒸出，不能保证反应体系中 HAc 的量。

[4] 反应物冷却后，立即会有固体析出，粘在瓶壁上不易处理，故需趁热倒入冷水中。

[5] 乙酰苯胺与水会生成低熔点混合物，油珠即熔融态的低熔物，当水量足够时，随温度升高，油珠会溶解并消失。

 【思考题】

1. 为何反应温度控制在 105℃？温度再高有什么影响？

2. 欲得质量较高、产量较多的乙酰苯胺，应注意哪些操作？

 实验4-5 从茶叶中提取咖啡因

【实验目的】

1. 了解从茶叶中提取咖啡因的原理和方法。

2. 了解用升华法分离有机物的方法。

3. 学习用索氏提取器抽提的操作技术。

【实验原理】

茶叶中含有多种生物碱，其中主要成分为咖啡因，含量约为 1%~5%，还含有 11%~

2%单宁酸（又叫鞣酸），0.6%的色素、纤维素、蛋白质。咖啡因是杂环化合物嘌呤的衍生物，化学名称是 1,3,7-三甲基-2,6-二氧嘌呤。

$$H_3C-N \cdots N-CH_3$$

咖啡因

咖啡因是弱碱性物质，能溶解于水、乙醇、乙醚、氯仿，易溶于热水，通常在 80℃ 水温即能溶解。含结晶水的咖啡因是具有绢丝光泽的无色针状晶体，在 100℃ 时失去结晶水开始升华，120℃ 时升华显著，178℃ 时升华很快。无水咖啡因的熔点为 238℃。

咖啡因具有兴奋神经中枢、消除疲劳、利尿、强心等作用，是复方阿司匹林（APC）等药物的成分之一。工业上主要通过人工合成制得。本实验从茶叶中提取咖啡因是用乙醇作溶剂，在索氏提取器中连续抽提，然后浓缩、焙烧得粗咖啡因，再通过升华法提纯得到。

【仪器与试剂】

仪器：索氏提取器（或恒压滴液漏斗）、圆底烧瓶、水浴锅、蒸发皿、漏斗、直形冷凝管、接液管、表面皿、烧杯、温度计、锥形瓶、电热套、研钵。

试剂：95%乙醇。

其他：茶叶、生石灰粉、沸石、滤纸、脱脂棉。

【实验内容】

称取 10g 茶叶末，装入索氏提取器（见图 2-27）的滤纸筒中，轻轻压实，筒上口盖一小团脱脂棉［或茶叶末直接放进恒压滴液漏斗（底部事先铺一层棉花）中］。在圆底烧瓶内加入 40mL 95%乙醇和 3 粒沸石，加热，连续抽提 0.5～1h[1]。稍冷后改为蒸馏装置，加热回收提取液中大部分乙醇（约 30mL 或 3/4 提取液体积）。将残液趁热倾入蒸发皿中，加入 3g 生石灰粉，搅拌成糊状，继续在恒温水浴锅（约 95℃）上边搅拌边蒸干至粉末状。冷却后擦去沾在边上的粉末，以免升华时污染产物。

将一张刺有许多小孔且孔刺向上的滤纸盖在装有粗咖啡因的蒸发皿上，滤纸上罩玻璃漏斗（漏斗颈部塞紧一小团脱脂棉）。空气浴或沙浴加热（温度约 200℃）蒸发皿约 20min[2]，当滤纸上出现白色针状结晶时停止加热（升华初期，若有水汽产生，用脱脂棉擦干）。自然冷却至 90℃ 左右，揭开漏斗和滤纸，用刮刀轻轻地将滤纸及漏斗上的咖啡因刮下。残渣经搅拌后，重新装好升华装置，再加热升华一次。合并两次升华所收集的咖啡因于表面皿中，称量，计算产率。

附注

［1］提取液颜色很淡时，即可停止抽提。

［2］升华过程中必须严格控制加热温度，温度太高，会使滤纸炭化变黑，并可能把一些有色物质烘出来。

【思考题】

1. 本实验中，生石灰粉的作用是什么？

2. 升华前，若水分不除掉，升华时将会出现什么情况？

3. 索氏提取器的萃取原理是什么？它和一般的浸泡萃取相比有哪些优点？

实验4-6 从烟草中提取烟碱

【实验目的】

1. 进一步学习水蒸气蒸馏法分离提纯有机物的基本原理和操作技术。

2. 了解生物碱的提取方法及其一般性质。

【实验原理】

烟碱又名尼古丁，是烟叶的一种主要生物碱。烟碱是含氮的碱性物质，很容易与盐酸反应生成烟碱盐酸盐而溶于水。在提取液中加入强碱 NaOH 后可使烟碱游离出来。游离烟碱在 100℃ 左右具有一定的蒸气压（约 1333Pa），因此，可用水蒸气蒸馏法分离提取。实验原理见水蒸气蒸馏。

烟碱

烟碱具有碱性，可以使红色石蕊试纸变蓝，也可以使酚酞试剂变红。可被 $KMnO_4$ 溶液氧化生成烟酸，与生物碱试剂作用产生沉淀。

【仪器与试剂】

仪器：水蒸气发生器、长颈圆底烧瓶、直形冷凝管、球形冷凝管、锥形瓶、烧杯、蒸汽导出导入管、T 形管、螺旋夹、馏出液导出管、玻璃管、电热套、接液管。

试剂：HCl（10%）、NaOH（40%）、HAc（0.5%）、$KMnO_4$（0.5%）、Na_2CO_3（5%）、酚酞（0.1%）、饱和苦味酸、碘化汞钾、烟叶、红色石蕊试纸。

【实验内容】

1. 烟碱的提取

称取烟叶 5g 于 10mL 圆底烧瓶中，加入 10%HCl 溶液 50mL，装上球形冷凝管沸腾回流 20min。待瓶中反应混合物冷却后倒入烧杯中，在不断搅拌下慢慢滴加 40%NaOH 溶液至呈明显的碱性（用红色石蕊试纸检验）。然后将混合物转入 250mL 长颈圆底烧瓶中，安装好水蒸气蒸馏装置（见图 2-21）进行水蒸气蒸馏，收集约 20mL 提取液后，停止烟碱的提取。

2. 烟碱的一般性质

（1）碱性试验　取一支试管，加入 10 滴烟碱提取液，再加入 1 滴 0.1%酚酞试剂，振荡，观察有何现象。

（2）烟碱的氧化反应　取一支试管，加入 20 滴烟碱提取液，再加入 1 滴 0.5%KMnO₄溶液和 3 滴 5%Na₂CO₃溶液，摇动试管，微热，观察溶液颜色是否变化，有无沉淀产生。

（3）与生物碱试剂反应　①取一支试管，加入 10 滴烟碱提取液，然后逐滴滴加饱和苦味酸，边加边摇，观察有无黄色沉淀生成。②另取一支试管，加入 10 滴烟碱提取液和 5 滴 0.5％HAc 溶液，再加入 5 滴碘化汞钾试剂，观察有无沉淀生成。

 【思考题】

1. 为何要用盐酸溶液提取烟碱？
2. 水蒸气蒸馏提取烟碱时，为何要用 40％NaOH 溶液中和至呈明显的碱性？
3. 与普通蒸馏相比，水蒸气蒸馏有何特点？

实验5-1 胶体与吸附 ▶▶

【实验目的】

1. 了解胶体的制备及破坏方法。
2. 了解固体在溶液中的吸附作用。

【实验原理】

胶体是由直径为 $1\sim100nm$ 的分散相粒子分散在分散剂中构成的多相体系。肉眼和普通显微镜看不见胶体中的粒子，整个体系是透明的。如分散相为难溶的固体，分散剂为液体，形成的胶体称为溶胶。

溶胶可由两个途径获得：一是凝聚法，二是分散法。本实验所用的 $Fe(OH)_3$ 溶胶即由前一途径通过化学反应以凝聚法制得。

胶体粒子表面具有电荷及水膜，是动力学稳定体系。由于胶体的高度分散性，从热力学的角度看又是不稳定体系。胶粒带电和溶剂化作用是其稳定的主要原因，若将胶粒表面的电荷及水膜除去，溶胶将发生聚沉。

例如，向溶液中加入电解质，反离子将中和胶粒电荷而使之聚沉；若将两种带相反电荷的溶胶相混合，电荷相互中和而彼此聚沉；加热会使粒子运动加剧，克服相互间的电荷斥力而聚沉。若在加入电解质之前于溶胶中加入适量的高分子溶液，胶粒会受到保护而免于聚沉，称为高分子溶液对溶胶的保护作用。

溶胶的聚沉溶解过程是不可逆的，而蛋白质的聚沉溶解却是可逆的。

胶体粒子与分散介质的表面与固体表面一样，具有吸附性。吸附是一种物质集中到另一种物质表面的过程。固体表面可以吸附分子，也可以吸附离子。

常见的吸附作用有固体在溶液中的分子吸附与离子交换吸附。分子吸附是吸附剂对非电解质或弱电解质分子的吸附，整个分子被吸附在吸附剂表面上；吸附剂自溶液中吸附某种离子的同时，有相等电量、相同电荷符号的另一种离子从吸附剂转移到溶液中，这类吸附称为离子交换吸附。

某些性质相似的成分，利用化学方法很难使它们彼此分离。如果使含有这些成分的溶液通过某种吸附剂（例如 Al_2O_3、硅胶、$CaCO_3$ 等）时，由于吸附剂对它们的吸附性能不同。这些成分就被吸附在吸附剂的不同部位，使这些成分彼此分离。

【仪器与试剂】

仪器：试管、烧杯（100mL）、量筒（10mL）、漏斗、酒精灯、小吸管、试管架、漏斗架、石棉网、5cm 细玻璃管 1 根、毛细管、脱脂棉。

试剂：NH_4Cl（$0.005mol \cdot L^{-1}$）、　（$NH_4)_2C_2O_4$（饱和）、$NaCl$（$0.002mol \cdot L^{-1}$）、Na_2SO_4（$1mol \cdot L^{-1}$）、$NaCl$（$1mol \cdot L^{-1}$）、Na_3PO_4（$1mol \cdot L^{-1}$）、$FeCl_3$（2%）、$FeCl_3$（$0.002mol \cdot L^{-1}$）、KI（$0.05mol \cdot L^{-1}$）、$AgNO_3$（$0.05mol \cdot L^{-1}$）、白明胶溶液（1%）、品红溶液（0.01%）、乙醇（95%）、奈斯勒试剂、硫黄-乙醇饱和溶液、活性炭、滤纸、土样、菜油、肥皂水。

【实验内容】

1. 溶胶的制备

（1）水解反应制备 $Fe(OH)_3$ 溶胶　向 50mL 沸腾的蒸馏水中逐滴加入 2% $FeCl_3$ 溶液 12mL，并搅拌之，继续煮沸 1～2min，观察颜色变化，写出反应式（此溶液留做下面实验用）。

（2）硫黄水溶胶的制备　向试管中加入 1mL 蒸馏水，逐滴加入硫黄-乙醇饱和溶液，直至生成乳白色透明溶胶为止。

（3）AgI 溶胶的制备　向试管中加入 5mL 蒸馏水，然后滴加 5 滴 $AgNO_3$ 溶液，观察。

2. 溶胶的性质

（1）溶胶的光学性质　将上面制备的氢氧化铁溶胶装在试管中，然后放在黑暗的环境中，用光照射，在和光线垂直的方向观察溶胶的丁铎尔效应。

（2）溶胶的电学性质　将 U 形管洗净、烘干，注入本实验制备的 $Fe(OH)_3$ 溶胶，插入电极接通直流电源，电压调至 30～40V。30min 后观察现象，并解释之。

3. 电解质对溶胶的凝聚作用

取 3 支试管，各加入 $Fe(OH)_3$ 溶胶 1mL，然后往 3 支试管中各加入 10 滴 $1mol \cdot L^{-1}$ 的 $NaCl$、Na_2SO_4、Na_3PO_4 溶液，观察 3 支试管中溶胶发生凝聚的速度并解释之。

4. 不同电荷溶胶的相互聚沉作用

往一支试管中加入 1mL $Fe(OH)_3$ 溶胶，再加入 1mL AgI 溶胶，振荡试管，观察有何变化，并加以解释。

5. 高分子溶液对胶体的保护作用

取 3 支试管，各加入 $Fe(OH)_3$ 溶胶 1mL，再各加入 1mL 1% 白明胶溶液，小心振荡试管，约 3min 后，分别往 3 支试管中各加入 10 滴 $1mol \cdot L^{-1}$ 的 $NaCl$、Na_2SO_4、Na_3PO_4 溶液，放置片刻，并与 3 比较，观察变化是否相同，试说明原因。

6. 分子吸附作用

取一支试管，加入 5mL 0.01% 品红溶液，再加入少许活性炭，充分摇动后过滤，滤液接入一个小试管中，观察其颜色。往活性炭中加入 3mL 酒精冲洗，另换一支干净小试管接取滤液，观察酒精滤液颜色有何变化，为什么？

7. 离子交换吸附

取 $0.005mol \cdot L^{-1}$ NH_4Cl 溶液 2mL，加入奈斯勒试剂 2 滴，由于 NH_4^+ 与奈斯勒试剂反应将产生棕红色沉淀：

$$NH_4^+ + 2[HgI_4]^{2-} + 4OH^- \Longrightarrow [Hg_2ONH_2]I \downarrow + 7I^- + 3H_2O$$

称取土壤 2g 左右，置于 100mL 烧杯中，加入 $0.001mol \cdot L^{-1}$ NH_4Cl 溶液 4mL，用力摇动片刻后用滤纸过滤。将滤液置于小试管中，加入奈斯勒试剂 2 滴，观察溶液中沉淀的生成情况。与上面试验结果进行比较，说明产生差别的原因。

8. 阳离子交换吸附能力的比较

称土壤 2 份各 2g，分别置于 2 个 100mL 的烧杯中，将其中 1 份加入 $0.002mol \cdot L^{-1}$ NaCl 溶液 5mL，另一份加入 $0.002mol \cdot L^{-1}$ $FeCl_3$ 溶液 5mL，在同样情况下同时摇动 3～5min，然后分别过滤于 2 支小试管中，各加 2～4 滴饱和（NH_4）$_2C_2O_4$ 溶液，观察哪支试管生成的沉淀较多。从实验结果判断土壤中被代换出来的 Ca^{2+} 多少，比较 Fe^{3+} 和 Na^+ 的代换能力。

9. 乳状液的制备

在一个带塞的小试管中，加入 2 滴菜油，再加入 2mL 水，塞好塞子，用力摇荡，当摇动停止后，油与水立即分层；若加入 2mL 肥皂水，再用力摇荡后，肥皂水（乳化剂）可将油珠包裹起来，使油乳化，形成乳状液。

【思考题】

1. 若把 $FeCl_3$ 溶液加入冷水中，能否制得 $Fe(OH)_3$ 胶体溶液？为什么？

2. 吸附和离子交换吸附有什么差别？说明土壤保肥与供肥的原理。

实验5-2　酸碱解离平衡与沉淀溶解平衡

【实验目的】

1. 掌握弱电解质的电离平衡及移动原理。

2. 掌握缓冲溶液的组成、性质及配制方法。

3. 了解盐类的水解作用和影响水解的主要因素。

4. 根据溶度积规则熟悉沉淀的生成、溶解、分步沉淀和沉淀的转化。

5. 学习离心分离操作和离心机的使用。

【实验原理】

1. 酸碱的概念

酸碱电离理论认为，凡是解离时所生成的正离子全为 H^+ 的化合物都是酸，凡解离时所生成的负离子全为 OH^- 的化合物都是碱。酸和碱发生中和反应生成盐和水，其逆反应叫作盐类的水解。

酸碱质子理论认为，凡是给出质子的物质都是酸，凡能与质子结合的物质都是碱。酸、碱既可以是中性分子，也可以是带正、负电荷的离子。酸碱质子理论将电离理论中的电离、中和及水解等反应归结为一类，即质子传递的酸碱反应。

酸给出质子后余下的部分称该酸的共轭碱，碱接受质子后所形成的物质称为该碱的共轭酸。它们存在着下列共轭关系

$$酸 \rightleftharpoons 质子 + 碱$$

可以根据测定溶液 pH 值的方法，确定溶液的酸碱性。

2. 解离平衡

强电解质在水溶液中能完全解离，而弱电解质在水溶液中只能部分解离，例如，弱酸或弱碱，在水溶液中存在解离平衡，如弱酸 HAc 的解离平衡

$$HAc \rightleftharpoons Ac^- + H^+$$

平衡时

$$K_a = \frac{[Ac^-][H^+]}{[HAc]}$$

又如弱碱 $NH_3 \cdot H_2O$ 的解离平衡

$$NH_3 \cdot H_2O \rightleftharpoons NH_4^+ + OH^-$$

平衡时

$$K_b = \frac{[NH_4^+][OH^-]}{[NH_3 \cdot H_2O]}$$

3. 同离子效应

在弱电解质的解离平衡体系中，若加入含有相同离子的强电解质，则平衡向生成弱电解质的方向移动，使弱电解质的解离度降低，这种效应叫同离子效应。

4. 缓冲溶液

根据同离子效应，电离理论认为由弱酸及其盐或由弱碱及其盐组成的混合溶液，能在一定程度上对外来酸或碱起缓冲作用，即当外加少量酸或碱时此混合液的 pH 值基本保持不变，这种溶液叫缓冲溶液。

5. 盐类水解

盐类水解反应是由组成盐的离子和水电离出的 H^+ 或 OH^- 作用，生成弱酸或弱碱的反应，反应后溶液的酸碱性取决于盐的类型。

6. 沉淀溶解平衡

在一定温度下，在难溶电解质饱和溶液中，离子浓度的乘积是一个常数，称为溶度积常数，简称为溶度积，用符号 K_{sp} 表示。例如

$$Ag_2CrO_4(s) \underset{沉淀}{\overset{溶解}{\rightleftharpoons}} 2Ag^+ + CrO_4^{2-}$$

$$[Ag^+]^2[CrO_4^{2-}] = K_{sp}(Ag_2CrO_4)$$

而在某难溶电解质溶液中，离子浓度的乘积称作离子积，用符号 Q_i 表示。例如某溶液中含有 Ag^+ 和 CrO_4^-，则该溶液中这两种离子的离子乘积为

$$[Ag^+][CrO_4^{2-}] = Q(Ag_2CrO_4)$$

在给定的难溶电解质溶液中，离子积 Q_i 与该电解质的溶度积常数 K_{sp} 之间的关系有三种可能：

（1）$Q_i = K_{sp}$，饱和溶液，沉淀与溶解两种过程达到动态平衡。

（2）$Q_i > K_{sp}$，过饱和溶液，溶液中将有沉淀析出。

（3）$Q_i < K_{sp}$，未饱和溶液，如体系中有固体电解质，将发生固体的溶解。

上述规则称为溶度积规则。

若溶液中同时有多种离子存在，它们都可以同另一种离子产生不同的沉淀，当向溶液中逐渐加入这种沉淀试剂时，根据难溶电解质的溶度积不同，沉淀的产生将有先后，这种现象称分步沉淀。同型难溶电解质溶度积小的将先沉出，而溶度积大的后沉出；不同型的难溶电解质，用溶解度测量，溶解度小的先沉出，溶解度大的后沉出。

向已达平衡的难溶电解质溶液中加入另一种沉淀试剂，如向饱和 AgCl 溶液中加入 Br^-，则平衡体系中的固体 AgCl 将不断溶解，而会生成 AgBr 沉淀。反应式为

$$AgCl(s) + Br^- \longrightarrow AgBr(s) + Cl^-$$

这叫作沉淀的转化。对同型难溶电解质，溶度积大的可以向溶度积小的方向转化；对不同型难溶电解质，转化的方向是由溶解度大的方向向溶解度小的方向变化。

【仪器与试剂】

仪器：试管夹、酒精灯、试管、离心管、量筒、玻璃棒、烧杯、表面皿、点滴板。

试剂：HAc（$0.1mol \cdot L^{-1}$、$2mol \cdot L^{-1}$）、HCl（$0.1mol \cdot L^{-1}$、$2mol \cdot L^{-1}$、$6mol \cdot L^{-1}$）、HNO_3（$6mol \cdot L^{-1}$）、NaOH（$0.1mol \cdot L^{-1}$、$2mol \cdot L^{-1}$）、$NH_3 \cdot H_2O$（$0.1mol \cdot L^{-1}$、$2mol \cdot L^{-1}$）、NaCl（$0.1mol \cdot L^{-1}$）、NaAc（$0.1mol \cdot L^{-1}$、$0.2mol \cdot L^{-1}$）、K_2CrO_4（$0.1mol \cdot L^{-1}$）、$AgNO_3$（$0.1mol \cdot L^{-1}$）、NH_4Ac（$0.1mol \cdot L^{-1}$）、$(NH_4)_2C_2O_4$（饱和溶液）、Na_2CO_3（$0.1mol \cdot L^{-1}$）、NH_4Cl（$0.1mol \cdot L^{-1}$）、$NaHCO_3$（$0.1mol \cdot L^{-1}$）、NaH_2PO_4（$0.1mol \cdot L^{-1}$）、Na_2HPO_4（$0.1mol \cdot L^{-1}$）、$Al_2(SO_4)_3$（$0.1mol \cdot L^{-1}$）、$CaCl_2$（$0.1mol \cdot L^{-1}$）、Na_2S（$0.1mol \cdot L^{-1}$）、NaAc(s)、NH_4Cl(s)、$Fe(NO_3)_3 \cdot 9H_2O$(s)、$BiCl_3$(s)、精密 pH 试纸（3.8～5.4）、甲基橙指示剂、酚酞指示剂、锌粒。

【实验内容】

1. 强电解质和弱电解质

（1）比较盐酸和乙酸的酸性

① 在两支试管中分别加入 5 滴 $0.1mol \cdot L^{-1}$ 的 HCl 溶液和 $0.1mol \cdot L^{-1}$ 的 HAc 溶液，再各滴 1 滴甲基橙指示剂，稀释至 5mL，观察溶液的颜色。

② 将 pH 试纸放在点滴板空穴上（或表面皿），滴 1 滴 $0.1mol \cdot L^{-1}$ 的 HCl 溶液（或用玻璃棒蘸取 $0.1mol \cdot L^{-1}$ 的 HCl 溶液点在 pH 试纸上），立即将试纸所显颜色与标准比色卡对比，确定溶液的 pH。同法测出 $0.1mol \cdot L^{-1}$ 的 HAc 溶液的 pH。

③ 向两支试管中分别加入 2mL $0.1mol \cdot L^{-1}$ 的 HCl 溶液和 $0.1mol \cdot L^{-1}$ 的 HAc 溶液，再加入 2～3 颗锌粒并加热试管，比较两支试管中反应的快慢。

（2）酸碱溶液 pH 的测定

用 pH 试纸测定 $0.1mol \cdot L^{-1}$ NaOH、$0.1mol \cdot L^{-1}$ $NH_3 \cdot H_2O$、$0.1mol \cdot L^{-1}$ HCl、$0.1mol \cdot L^{-1}$ HAc、$0.1mol \cdot L^{-1}$ NaCl 溶液、蒸馏水的 pH，并与计算值相比较，将测定结果按 pH 大小顺序排列。

2. 同离子效应

（1）取 2mL $0.1mol \cdot L^{-1}$ HAc 溶液，加入 1 滴甲基橙指示剂，摇匀，观察溶液的颜色。再加入少量（豆粒大小）NaAc 固体，观察它在溶液中溶解后，溶液的颜色有何变化？写出解离平衡方程式，并解释之。

（2）取 2mL $0.1mol \cdot L^{-1}$ 的 $NH_3 \cdot H_2O$ 溶液，加入 1 滴酚酞指示剂，摇匀，观察溶液的颜色。再加入少量（豆粒大小）NH_4Cl 固体，观察它在溶液中溶解后，溶液的颜色有何变化？写出解离平衡方程式，并解释之。

3. 缓冲溶液

（1）在试管中加 10mL 蒸馏水，用 pH 试纸测其 pH，将其分成两份，分别滴入 5 滴 $0.1mol \cdot L^{-1}$ HCl 和 $0.1mol \cdot L^{-1}$ NaOH，测定它们的 pH，与蒸馏水的 pH 做比较，记下 pH 的改变。

（2）预配制 pH＝4.6 的缓冲溶液 10mL，现有 0.1mol·L^{-1} HAc 溶液和 0.1mol·L^{-1} NaAc 溶液，应各取多少毫升？计算并配制后，用 pH 试纸测定所配溶液的 pH。将溶液分装三支试管，第一支试管中加 2 滴 0.1mol·L^{-1} 的 HCl 溶液，第二支试管中加 2 滴 0.1mol·L^{-1} 的 NaOH 溶液，第三支试管加入 1mL 水稀释，分别再用试纸测出它们的 pH，与上面实验做比较，由此可得出什么结论？

4. 盐类水解

（1）用 pH 试纸测定下列溶液的 pH，并解释它们的 pH 为什么不同。0.1mol·L^{-1} 的 NaCl 溶液、0.1mol·L^{-1} 的 NH$_4$Cl 溶液、0.1mol·L^{-1} 的 NH$_4$Ac 溶液、0.1mol·L^{-1} 的 Na$_2$S 溶液、0.1mol·L^{-1} 的 Na$_2$CO$_3$ 溶液、0.1mol·L^{-1} 的 NaH$_2$PO$_4$ 溶液、0.1mol·L^{-1} 的 Na$_2$HPO$_4$ 溶液。

（2）试管中加入少量（豆粒大小）Fe(NO$_3$)$_3$·9H$_2$O 固体，加水溶解后，观察溶液的颜色。把溶液分成三份，第一份留作比较用，第二份加 1 滴 6mol·L^{-1} HNO$_3$ 溶液，摇匀。第三份试液小火加热，比较三份溶液的颜色有何不同？为什么？

（3）在试管中加少量（豆粒大小）BiCl$_3$ 固体，加少量水，摇匀后，有什么现象？用 pH 试纸测定溶液的 pH 值，然后往试管中滴加 6mol·L^{-1} HCl 至溶液变成澄清为止（恰好溶解），再用水稀释这一溶液，又有什么变化？怎样用平衡原理解释上面的现象。还有哪些常见离子的盐类会发生类似的现象？应如何配制这些盐类的溶液？

（4）分别取 1mL 0.1mol·L^{-1} Al$_2$(SO$_4$)$_3$ 和 1mL 0.1mol·L^{-1} NaHCO$_3$ 溶液于小试管中，并用 pH 试纸测出它们的 pH 值，写出它们的水解方程式。将 Al$_2$(SO$_4$)$_3$ 逐滴加入 NaHCO$_3$ 溶液中，观察有何现象？试从水解的移动解释。

5. 沉淀溶解平衡

（1）沉淀的生成和溶解

① 在两支离心试管中分别加入 0.5mL 饱和 (NH$_4$)$_2$C$_2$O$_4$ 溶液和 0.5mL 0.1mol·L^{-1} CaCl$_2$ 溶液，观察白色沉淀的生成，离心分离，弃去溶液，在沉淀物上分别滴入 2mol·L^{-1} HCl 和 2mol·L^{-1} HAc 溶液，观察现象，写出化学方程式，说明原因。

② 取 0.1mol·L^{-1} AgNO$_3$ 溶液 10 滴，加入 0.1mol·L^{-1} NaCl 溶液 10 滴，离心分离，弃去溶液，在沉淀物上滴入 2mol·L^{-1} 氨水溶液，观察现象，并写出化学反应方程式，说明原因。

③ 取 5 滴 0.1mol·L^{-1} AgNO$_3$ 溶液，加入 0.1mol·L^{-1} Na$_2$S 溶液 10 滴，观察现象，离心分离，弃去溶液，在沉淀物上滴入少许 6mol·L^{-1} HNO$_3$ 溶液，加热，观察现象，并写出化学反应方程式，说明原因。

（2）分步沉淀

在离心试管中加入 0.5mL 0.1mol·L^{-1} NaCl 溶液和 2 滴 0.1mol·L^{-1} K$_2$CrO$_4$ 溶液，混匀后，一面振荡试管，一面滴加 0.1mol·L^{-1} AgNO$_3$ 溶液，滴加数滴 0.1mol·L^{-1} AgNO$_3$ 溶液后，离心分离，观察现象。继续滴加 0.1mol·L^{-1} AgNO$_3$ 溶液，观察现象，根据有关溶度积数据加以解释。

（3）沉淀的转化

在试管中加入 0.5mL 0.1mol·L^{-1} NaCl 溶液和数滴 0.1mol·L^{-1} AgNO$_3$ 溶液，观察反应产物的颜色和状态，然后再滴加数滴 0.1mol·L^{-1} Na$_2$S 溶液，并不断摇动，观察沉淀颜色的变化，解释实验现象，并写出化学反应方程式。

【思考题】

1. 已知 H_3PO_4、NaH_2PO_4、Na_2HPO_4、Na_3PO_4 四种溶液的物质的量浓度相同，依次分别显酸性、弱酸性、弱碱性、碱性。试解释之。

2. 将 10mL 0.2mol·L⁻¹ HAc 和 10mL 0.1mol·L⁻¹ NaOH 混合，所得溶液是否有缓冲作用？如有，这个溶液的缓冲范围是多少？

3. 结合本次实验，总结沉淀的溶解条件有哪些？

实验5-3 氧化还原反应与电化学

【实验目的】

1. 了解电极电势与氧化还原反应的关系。

2. 掌握介质的酸碱性对氧化还原反应的影响。

3. 了解原电池的装置和反应，掌握氧化型浓度变化对电极电势的影响。

【实验原理】

在化学反应过程中，反应物的原子或离子有氧化数变化的一类反应，叫作氧化还原反应。根据氧化数的概念，原子或离子氧化数升高的过程叫氧化；氧化数降低的过程叫还原。氧化作用和还原作用总是同时发生的，并处于一个统一体中。

氢离子的活度 $a(H^+)$ 为 1mol·L⁻¹，氢气的压力等于 101325Pa 时，氢电极电势为零，即 $\varphi^{\ominus}(H^+/H_2)=0.000V$，用标准氢电极作参比，在标准状态下，测定其他电极的电极电势，把所测得的电极电势称为标准电极电势，用 $\varphi^{\ominus}$ 表示。

在通常情况下，氧化还原反应进行的方向可以直接用电对的标准电极电势来判断。氧化剂的标准电极电势应大于还原剂的标准电极电势的数值，即 $\varphi^{\ominus}_+>\varphi^{\ominus}_-$。若两者的标准电极电势的差值不大时，则应考虑浓度对电极电势的影响。除氧化型物质和还原型物质本身浓度的改变对电极电势有影响外，介质的酸度对含氧酸盐的氧化性影响也很大。例如，高锰酸钾在酸性介质中被还原为 Mn^{2+}（无色或浅红色）。

$$MnO_4^- + 8H^+ + 5e^- \Longrightarrow Mn^{2+} + 4H_2O \qquad \varphi^{\ominus} = 1.491V$$

在中性或弱碱性介质中被还原为二氧化锰（MnO_2）的褐色或暗黄色沉淀。

$$MnO_4^- + 2H_2O + 3e^- \Longrightarrow MnO_2 \downarrow + 4OH^- \qquad \varphi^{\ominus} = 0.588V$$

在强碱性介质中被还原为绿色的 MnO_4^{2-}。

$$MnO_4^- + e^- \Longrightarrow MnO_4^{2-} \qquad \varphi^{\ominus} = 0.564V$$

由此可以看出，高锰酸钾在不同的介质中还原产物有所不同，并且其氧化性随介质酸性减小而减弱。一种元素有多种氧化数时，氧化数居中的物质一般既可作氧化剂，又可作还原剂。例如，过氧化氢（H_2O_2）：

$$O_2 \xrightarrow{+0.682V} H_2O_2 \xrightarrow{+1.776V} H_2O$$
$$\underset{1.23V}{\underline{\hspace{4cm}}}$$

从电对 $H_2O_2 \xrightarrow{+1.776V} H_2O$ 来看，H_2O_2 是一个强氧化剂，而在 $O_2 \xrightarrow{+0.682V} H_2O_2$ 中，H_2O_2 是一个强还原剂。

利用氧化还原反应而产生电流的装置叫作原电池。原电池的电动势是没有电流通过时，正极电势与负极电势之差，即 $E = \varphi_+ - \varphi_-$。

【仪器与试剂】

仪器：试管、试管架、量筒（100mL）、洗瓶、烧杯（100mL）、滴管、盐桥、导线、锌片、铜片、砂纸、酸度计。

试剂：H_2SO_4（3mol·L^{-1}）、HAc（6mol·L^{-1}）、NaOH（6mol·L^{-1}）、NH_3·H_2O（浓）、$FeCl_3$（0.1mol·L^{-1}）、KI（0.1mol·L^{-1}）、KBr（0.1mol·L^{-1}）、$FeSO_4$（0.1mol·L^{-1}）、Na_2SO_3（s）、$KMnO_4$（0.01mol·L^{-1}）、$SnCl_2$（0.1mol·L^{-1}）、$HgCl_2$（0.1mol·L^{-1}）、$CuSO_4$（1mol·L^{-1}）、$ZnSO_4$（1mol·L^{-1}）、H_2O_2（3%）、溴水（饱和）、碘水（饱和）、CCl_4。

【实验内容】

1. 常见氧化剂和还原剂的反应

（1）H_2O_2 的氧化性：向小试管中加入 0.5mL 0.1mol·L^{-1} 的 KI 溶液，再加入 2 滴 3mol·L^{-1} 的 H_2SO_4，使之酸化，然后滴加数滴 3% 的 H_2O_2 溶液，加入 0.5mL CCl_4 振荡试管并观察现象。

（2）H_2O_2 的还原性：向小试管中加入 0.5mL 0.01mol·L^{-1} 的 $KMnO_4$ 溶液，并加入数滴 3mol·L^{-1} 的 H_2SO_4 使之酸化，然后滴加 3% 的 H_2O_2 溶液，振荡并观察现象。

写出有关的反应方程式。

2. 电极电势与氧化还原反应的关系

（1）向试管中加入 0.5mL 0.1mol·L^{-1} 的 KI 溶液，再加入 2 滴 0.1mol·L^{-1} 的 $FeCl_3$ 溶液，混匀后加入 0.5mL 四氯化碳，充分振荡，观察 CCl_4 层的颜色有何变化。

（2）0.1mol·L^{-1} KBr 溶液代替 0.1mol·L^{-1} 的 KI 溶液进行同样的实验，观察 CCl_4 层的颜色。

（3）向两支试管中分别加入几滴饱和碘水和饱和溴水，然后加入 0.5mL 0.1mol·L^{-1} 的 $FeSO_4$ 溶液，振荡试管，观察现象。写出有关的反应方程式。

根据以上实验结果，定性地比较 Br_2/Br^-、I_2/I^-、Fe^{3+}/Fe^{2+} 三个电对电极电势的大小，并指出其中哪个是最强的氧化剂，哪个是最强的还原剂。

3. 酸度对氧化还原反应的影响

（1）向 3 支试管中各加入 0.5mL 0.01mol·L^{-1} 的 $KMnO_4$ 溶液，然后在第一支试管中加入 0.5mL 3mol·L^{-1} 的 H_2SO_4 溶液；第二支试管中加入 0.5mL 蒸馏水；第三支试管中加入 0.5mL 6mol·L^{-1} 的 NaOH 溶液，最后再向三支试管中各加入少量（豆粒大小）Na_2SO_3 固体，观察反应物有何不同。写出反应方程式。

（2）向 2 支试管中各加入 0.5mL 0.1mol·L^{-1} 的 KBr 溶液，在一支试管中加入约 0.5mL 3mol·L^{-1} 的 H_2SO_4，往另一支试管中加入约 0.5mL 6mol·L^{-1} 的 HAc，然后各加 2 滴 0.01mol·L^{-1} 的 $KMnO_4$ 溶液。观察并比较两支试管中紫色消失的快慢，并加以说明。

4. 浓度对电极电势的影响

（1）向 100mL 烧杯中加入 30mL 1mol·L^{-1} 的 $ZnSO_4$ 溶液，往另一个 100mL 烧杯中加

入 30mL 1mol·L^{-1}的 CuSO$_4$ 溶液，然后在 CuSO$_4$ 溶液中插入一铜片，在 ZnSO$_4$ 溶液中插入一锌片［在导线（铜线）与电极接触处，以及导线的另一端，若有锈蚀，要用砂纸擦净］，组成两个电极，用盐桥（含有琼胶及 KCl 饱和溶液的 U 形管）把 2 只烧杯中的溶液连通，通过导线将铜电极接入酸度计的正极，把锌电极插入酸度计的负极，测定其电势差。

（2）在上面的实验装置中，取下盛 CuSO$_4$ 溶液的烧杯，在其中加浓氨水，搅拌，至生成的沉淀完全溶解，形成了深蓝色溶液。写出反应方程式。测量电势差。观察有何变化，这种变化是怎样引起的？

（3）在 ZnSO$_4$ 溶液中加浓氨水至生成的沉淀完全溶解。写出反应方程式，测量电势差，其值又有何变化？试解释上面的实验结果。

 【思考题】

1. 介质的酸度变化对 H$_2$O$_2$、Br$_2$ 和 Fe^{3+} 的氧化性有无影响？试从电极电势予以说明。

2. H$_2$O$_2$ 为什么既可作氧化剂又可作还原剂？写出有关的电极反应。

3. 如何判断氧化剂和还原剂的强弱及氧化还原反应进行的方向？试设计一个实验比较下列物质的氧化性或还原性强弱：Cl$_2$、Br$_2$、I$_2$ 和 Fe^{3+}，Cl$^-$、Br$^-$、I$^-$ 和 Fe^{2+}。

实验5-4 配位化合物的形成和性质

【实验目的】

1. 了解配位化合物的生成及组成，熟悉几种常见的配位化合物。
2. 加深理解配位化合物的相对稳定性，比较配位离子与简单离子的区别。
3. 了解配位平衡与其他化学平衡的关系。
4. 了解螯合物的形成、特性。

【实验原理】

配位化合物是由中心离子（形成体）及与其结合在一起的负离子或分子以配位键相结合所构成的复杂化合物。配位化合物都具有配位单元，配位单元可以是电中性的，也可以带有电荷，带电荷的配位单元称为配位离子。配位化合物的组成一般可分为内界和外界两部分，中心离子和配位体组成配位化合物的内界，其余则为外界，其组成如下所示：

$$内界（配位离子）\qquad 外界$$

$$[Ag(NH_3)_2]^+\qquad Cl^-$$

$$中心离子\quad 配位体\quad 配位数\quad 外界离子$$

配位离子具有相对稳定性，它不同于简单离子。例如，向 Cu^{2+} 溶液中加入适量的 NH$_3$·H$_2$O 时，可生成较稳定的 [Cu(NH$_3$)$_4$]$^{2+}$

$$Cu^{2+} + 4NH_3 \rightleftharpoons [Cu(NH_3)_4]^{2+}$$

反应前 Cu^{2+} 是以简单离子形式存在的，而反应后的 Cu(Ⅱ) 是以 [Cu(NH$_3$)$_4$]$^{2+}$ 配位离子

的形式存在的。配位反应在生成配位离子的同时，亦存在着配位平衡，若以上述为例，其平衡常数为

$$K_f = \frac{[Cu(NH_3)_4^{2+}]}{[Cu^{2+}][NH_3]^4}$$

一般来说，相同类型的配位化合物，其 K_f 值越大，配位离子越稳定，反之配位离子越容易分解。如同其他平衡一样，向配位平衡体系中加入其他物质，均可发生酸碱反应、沉淀反应、氧化还原反应，亦可发生配位反应，以致改变体系中某物质的浓度，使配位平衡发生移动。例如，由 AgCl 沉淀与 $NH_3 \cdot H_2O$ 生成的 $[Ag(NH_3)_2]^+$ 在溶液中有下列平衡：

$$AgCl(s) + 2NH_3 \Longrightarrow [Ag(NH_3)_2]^+ + Cl^-$$

若向此平衡体系中加入 HNO_3，则 H^+ 能与 NH_3 发生中和反应，生成简单离子 NH_4^+，使 NH_3 的浓度不断减小，Ag^+ 的浓度亦随之不断增大，平衡向 $[Ag(NH_3)_2]^+$ 离解方向移动。当溶液中的 Ag^+ 和 Cl^- 的离子积增大到超过 AgCl 的溶度积常数时，就会重新生成 AgCl 沉淀。

配位反应有着广泛的应用。在分析化学中，可用生成稳定配离子的方法，来掩蔽某种离子对所分析离子的干扰，例如，用 SCN^- 检验 Co^{2+} 时，如果待测溶液中含有少量的 Fe^{3+}，当加入检验试剂 SCN^- 时，Fe^{3+} 和 Co^{2+} 均可与之发生配合反应，生成不同颜色的配合物。

$$Co^{2+} + 4SCN^- \Longrightarrow [Co(SCN)_4]^{2-}$$
$$Fe^{3+} + 6SCN \Longrightarrow [Fe(SCN)_6]^{3-}$$

两种产物混合在一起时，无法看清 $[Co(SCN)_4]^{2-}$ 的颜色，因此 Fe^{3+} 的存在干扰了对 Co^{2+} 的鉴别。如果在检验前加入 NH_4F，使 Fe^{3+} 与 F^- 生成较稳定的无色的 $[FeF_6]^{3-}$：

$$Fe^{3+} + 6F^- \Longrightarrow [FeF_6]^{3-} \qquad K_f = 2.0 \times 10^{14}$$

然后再加 SCN^- 时，就不会有血红色的 $[Fe(SCN)_6]^{3-}$ 生成，从而排除了 Fe^{3+} 对 Co^{2+} 检验的干扰。

螯合物是具有由中心离子与配位体形成的环状结构的配合物。很多金属的螯合物具有特征的颜色，并且难溶于水而易溶于有机溶剂中。例如，丁二酮肟在弱碱性条件下与 Ni^{2+} 生成鲜红色难溶于水的螯合物，这一反应可用作检验 Ni^{2+} 的特征反应。

【仪器与试剂】

仪器：试管、量筒、烧杯、玻璃棒、滴管。

试剂：HNO_3（$2mol \cdot L^{-1}$）、HAc（$6mol \cdot L^{-1}$）、$NaOH$（$0.1mol \cdot L^{-1}$）、$NH_3 \cdot H_2O$（$2mol \cdot L^{-1}$）、$CuSO_4$（$0.1mol \cdot L^{-1}$）、$BaCl_2$（$0.1mol \cdot L^{-1}$）、$FeCl_3$（$0.1mol \cdot L^{-1}$）、NH_4SCN（$1mol \cdot L^{-1}$）、$AgNO_3$（$0.1mol \cdot L^{-1}$）、$K_3[Fe(CN)_6]$（$0.1mol \cdot L^{-1}$）、$NaCl$（$0.1mol \cdot L^{-1}$）、KBr（$0.1mol \cdot L^{-1}$）、$Na_2S_2O_3$（$0.5mol \cdot L^{-1}$）、Na_2S（$0.1mol \cdot L^{-1}$）、$SnCl_2$（$0.5mol \cdot L^{-1}$）、NH_4F（$4mol \cdot L^{-1}$）、KI（$0.1mol \cdot L^{-1}$）、$CoCl_2$（$0.1mol \cdot L^{-1}$）、$NiCl_2$（$0.1mol \cdot L^{-1}$）、CCl_4、戊醇-丙酮混合液（1∶1）、蓝色石蕊试纸。

【实验内容】

1. 配位化合物的生成和组成

在两支试管中分别加入 10 滴 $0.1mol \cdot L^{-1}$ 的 $CuSO_4$，再向第一支试管中加入 2 滴 $0.1mol \cdot L^{-1}$ 的 $BaCl_2$，向第二支试管中加入 2 滴 $0.1mol \cdot L^{-1}$ 的 $NaOH$，观察两支试管中的沉淀颜色，并判断两种沉淀各是何种物质。

另取一支试管，加入 1mL 0.1mol·L⁻¹ CuSO₄，再逐滴加入 2mol·L⁻¹NH₃·H₂O，边加边振荡试管至溶液出现沉淀又溶解时为止（注意观察溶液颜色的变化，并说明该反应生成的是何物质）。将试管中的溶液平均分装于两支试管中，然后再向第一支试管中加入 2 滴 0.1mol·L⁻¹ BaCl₂，向第二支试管中加入 2 滴 0.1mol·L⁻¹NaOH，观察两支试管中溶液有何变化。

根据实验结果，写出 CuSO₄ 和 NH₃ 形成的配位化合物的组成，并指出其内界和外界。

2. 配位离子与简单离子的区别

取两支试管，在第一支试管中加入 10 滴 0.1mol·L⁻¹FeCl₃，在第二支试管中加入 0.1mol·L⁻¹K₃[Fe(CN)₆]。再向两支试管中各加 1 滴 1mol·L⁻¹NH₄SCN，观察两支试管中溶液颜色的变化有何不同，并说明配位离子与简单离子的区别。

3. 酸碱反应对配位平衡的影响

（1）在一支试管中加入 5 滴 0.1mol·L⁻¹AgNO₃ 和 5 滴 0.1mol·L⁻¹NaCl，此时有白色 AgCl 沉淀生成。然后逐滴加入 2mol·L⁻¹NH₃·H₂O 至沉淀溶解。再向试管中加入 2 滴 2mol·L⁻¹HNO₃，观察试管中溶液有何现象发生。

（2）在一支试管中加入 5 滴 0.1mol·L⁻¹CuSO₄，然后逐滴加入 2mol·L⁻¹NH₃·H₂O，至产生沉淀又溶解生成深蓝色溶液后，再加数滴 6mol·L⁻¹HAc 至溶液呈酸性（用蓝色石蕊试纸检查），观察试管中溶液颜色的变化。

4. 沉淀反应对配位平衡的影响

取一支试管，按下列步骤操作。

（1）在试管中加入 2 滴 0.1mol·L⁻¹AgNO₃ 和 2 滴 0.1mol·L⁻¹NaCl，此时有白色 AgCl 沉淀生成。

（2）向其中逐滴加 6mol·L⁻¹NH₃·H₂O 至沉淀溶解，推断此产物是何物质。

（3）再加入 2 滴 0.1mol·L⁻¹KBr，此时有淡黄色 AgBr 沉淀生成。

（4）待沉淀完全后，用倾析法将上层清液倒出少许，再向其中逐滴加入 0.1mol·L⁻¹ Na₂S₂O₃ 至沉淀溶解，并判断又有何物质生成。

（5）再加入 2 滴 0.1mol·L⁻¹KI，此时又有黄色 AgI 沉淀生成。

通过实验，用平衡移动的原理解释上述一系列变化的原因。

5. 氧化还原反应对配位平衡的影响

（1）在一支试管中加入 5 滴 0.1mol·L⁻¹FeCl₃ 和 1 滴 1mol·L⁻¹NH₄SCN，摇匀后观察溶液的颜色。再向其中加入 2 滴 0.5mol·L⁻¹SnCl₂，观察试管中溶液又有何变化，并解释其现象。

（2）在一支试管中加入 5 滴 0.1mol·L⁻¹FeCl₃ 和 5 滴 0.1mol·L⁻¹KI，再加 10 滴 CCl₄，充分振荡试管后静置片刻，观察 CCl₄ 层的颜色。

另取一支试管，加入 5 滴 0.1mol·L⁻¹FeCl₃，再逐滴加入 4mol·L⁻¹NH₄F 至溶液无色，然后再加 5 滴 0.1mol·L⁻¹KI 和 10 滴 CCl₄，充分振荡试管后静置片刻，观察 CCl₄ 层的颜色，并与上面实验做比较，解释其原因。

6. 配位离子的掩蔽作用

取三支试管，各加入 5 滴 0.1mol·L⁻¹CoCl₂，然后在第一支试管中加入 5 滴 0.1mol·L⁻¹FeCl₃ 和 5 滴 4mol·L⁻¹NH₄F，在第二支试管中只加入 5 滴 0.1mol·L⁻¹FeCl₃，第三支试管留作对照。再向三支试管中各加入 5 滴 1mol·L⁻¹NH₄SCN 和 10 滴戊醇-丙酮溶液，充分振荡三支试管后静置片刻，观察三支试管中戊醇-丙酮层和水层的颜色，并解释其实验现象。

 【思考题】

1. 哪些因素能使配位平衡发生移动？

2. 若用配位反应掩蔽某种干扰离子，将如何选用掩蔽剂？

3. 总结一下电离平衡、沉淀平衡、氧化还原平衡和配位平衡之间的关系，它们有何共性？

实验5-5 醇、酚、醛、酮、羧酸的性质鉴定

【实验目的】

1. 掌握醇、酚、醛、酮、羧酸的主要化学反应。

2. 加深理解有机化合物的性质与结构的关系。

3. 熟悉醇、酚、醛、酮、羧酸的定性分析方法。

【实验原理】

本实验主要验证醇、酚、醛、酮、羧酸的一些特征化学反应，包括醇的酸性、氧化反应、与卢卡斯试剂的反应及消除反应；酚的酸性、显色反应、氧化反应及亲电取代反应；醛、酮与 2,4-二硝基苯肼、亚硫酸氢钠的加成反应，碘仿反应，与斐林试剂、吐伦试剂及品红醛试剂的反应；羧酸的酸性及与碱生成盐的反应等。

醇和酚都含有羟基，在某些方面，二者性质相似，但由于醇中的羟基与脂肪（环）烃基相连的，而酚是与芳香环相连的，因此酚具有不同于醇的性质。

醛和酮均含有羰基，因此它们的化学性质在一定程度上有共同点，如都能与 2,4-二硝基苯肼等羰基试剂作用。但由于醛基至少与一个氢原子相连，所以它的化学性质又有不同，如醛能被斐林试剂、银氨溶液等弱氧化剂氧化，而酮则不具备此类性质。

羧酸具有酸性，能与碱作用生成可溶性的盐，羧酸衍生物都含有羰基，所以能与某些亲核试剂发生加成-消除反应，乙酰乙酸乙酯存在烯醇式-酮式互变结构。

【仪器与试剂】

仪器：烧杯、试管、点滴板、试管架、试管夹、酒精灯。

试剂：$KMnO_4$、$K_2Cr_2O_7$、H_2SO_4、$Cu(OH)_2$、$CuSO_4$、$NaOH$、$FeCl_3$、$HCHO$、CH_3COCH_3、C_6H_5CHO、$AgNO_3$、C_2H_5OH、$(CH_3)_2CHOH$、CH_3CHO、$(CH_3)_3COH$、$CH_3CH_2CH_2CH_2OH$、$CH_3CH(OH)CH_2OH$、苯肼、乙酰乙酸乙酯、酚酞、邻苯二酚、β-萘酚、斐林试剂 A 和 B、甘油、饱和溴水、卢卡斯试剂、刚果红试纸。

【实验内容】

1. 醇和酚的性质

（1）伯、仲、叔醇的氧化反应 取三支试管，分别滴入 5 滴 $CH_3CH_2CH_2CH_2OH$、

$CH_3CH(OH)CH_2OH$、$(CH_3)_3COH$，然后各加入 4 滴新配制的 $K_2Cr_2O_7$ 和浓 H_2SO_4，摇匀，置于水浴上微热，观察颜色变化，说明哪些醇可以被氧化。

（2）与卢卡斯试剂的反应　取 3 支干燥试管，分别加入 1mL 的正丁醇、仲丁醇和叔丁醇，然后各加入 3mL 卢卡斯试剂（将 34g 氯化锌在蒸发皿中强热熔融后，置于干燥器中冷至室温，取出捣碎后，溶解在 23mL 浓盐酸中即可），用软木塞塞住瓶口，充分振荡后，置于 55℃的水浴中静置。观察各试管的现象，注意最初 5min 及 1h 后混合物的变化，记录下溶液浑浊和出现分层的时间。比较不同种类醇与卢卡斯试剂反应速率的快慢。

（3）多元醇与 $Cu(OH)_2$ 的作用　取两支试管分别加入 5 滴 5％$CuSO_4$ 及 10％$NaOH$ 溶液，摇匀后，在一支试管中加入 1mL 95％乙醇，在另一支试管中加入 1mL 甘油，摇匀，观察现象并比较结果。

（4）酸性试验　取两支试管，各加入 10 滴蒸馏水、1 滴酚酞和 1 滴 5％$NaOH$ 溶液，摇匀，溶液呈现桃红色。然后在一支试管中逐滴加入 15 滴 95％乙醇，而在另一支试管中逐滴加入 15 滴 5％苯酚，摇匀，观察溶液颜色有何变化，为什么？

（5）酚与 $FeCl_3$ 的呈色反应　取三支试管，分别滴入 2 滴 5％苯酚溶液、5％邻苯二酚溶液、5％ β-萘酚溶液，然后分别加入 2 滴 5％的 $FeCl_3$ 溶液，观察颜色变化。

（6）苯酚的溴代反应　取一支试管，加入 2 滴 5％苯酚溶液，然后逐滴加入饱和溴水，并不断振荡试管，直到刚好生成白色沉淀为止，写出有关反应式。

2. 醛、酮的性质

（1）与 2,4-二硝基苯肼的反应　取 4 支试管，各滴加 5 滴 2,4-二硝基苯肼，然后分别加入 1～2 滴 $HCHO$、CH_3CHO、CH_3COCH_3、C_6H_5CHO 溶液，微微振荡，观察是否有沉淀产生。

（2）与吐伦试剂的反应　往一支洁净的试管中加入 3mL 5％的 $AgNO_3$ 溶液及 10 滴 10％$NaOH$ 溶液，然后滴加浓氨水，直至生成物的沉淀恰好溶解为止。将此溶液分置于 3 支试管中，分别滴入 10 滴 CH_3CHO、10 滴 CH_3COCH_3、10 滴 C_6H_5CHO，摇匀后，置于水浴上加热，观察现象。

（3）与斐林试剂的反应　取 4 支试管，各滴加 5 滴斐林试剂 A 和 B，摇匀，可得深蓝色的透明溶液，然后分别加入 10 滴 $HCHO$、CH_3CHO、CH_3COCH_3、C_6H_5CHO 溶液，摇匀，置于沸水浴上加热 3min，观察溶液颜色有何变化，有无沉淀产生？

（4）碘仿反应　取 4 支试管，分别加入 10 滴 95％ C_2H_5OH、CH_3COCH_3、$(CH_3)_2CHOH$、CH_3CHO 溶液，再各加入 6 滴碘水溶液，然后边摇边逐滴加入 5％ $NaOH$ 溶液至棕色刚好褪去，观察是否有黄色沉淀生成。若无沉淀生成，置于水浴上微热，再观察有无沉淀生成？通过实验结果，归纳出能发生碘仿反应的化合物的结构特点。

（5）羟醛缩合反应　取一支试管，加入 8 滴 10％$NaOH$ 溶液，加入 10 滴 CH_3CHO，摇匀，置于酒精灯上，加热至沸腾，观察反应现象。含有 α-H 的醛如乙醛等，在稀碱条件下，能起羟醛缩合反应，缩合产物受热后可脱水生成稀醛，后者可进一步发生聚合反应生成有色的树脂状聚合物。

3. 羧酸的性质

（1）酸性试验　取三支试管，分别加入 2 滴 10％甲酸、10％乙酸和 10％草酸溶液，各加入 1mL 蒸馏水，摇匀。然后分别用干净的玻璃棒蘸取溶液在刚果红试纸上画线，根据各条画线的颜色及深浅程度，比较它们的酸性强弱。

（2）甲酸和草酸的还原性。取三支试管，各加入 2 滴 0.5% KMnO₄ 溶液，5 滴蒸馏水，然后分别加入 10 滴 10% 甲酸、10% 乙酸和 10% 草酸溶液，摇匀，置于水浴上加热，观察现象并做解释。

（3）乙酰乙酸乙酯的酮式和烯醇式互变作用。

① 酮型反应　取一支试管加入 10 滴 2,4-二硝基苯肼和 2 滴乙酰乙酸乙酯溶液，观察有何现象。

② 烯醇式反应　取一支试管加入 3 滴乙酰乙酸乙酯溶液，慢慢加入 1～2 滴饱和溴水溶液，观察有何现象，为什么？

③ 酮型与烯醇式互变　取一支试管加入 10 滴蒸馏水、3 滴乙酰乙酸乙酯溶液，振荡，加入 1 滴 5% FeCl₃ 溶液，摇匀，观察溶液颜色的变化（呈紫红色）。然后再滴加饱和溴水溶液（用量不可太多），摇匀，可观察到紫红色褪去，放置片刻，再观察颜色是否重现。解释造成这一实验现象的原因。

 【思考题】

1. 鉴别醛和酮有哪些简便方法？
2. 哪些类型的化合物能与氯化铁起显色反应？
3. 甲酸除了可以被高锰酸钾氧化外，能否被吐伦试剂所氧化？

实验5-6 碳水化合物和蛋白质的性质

【实验目的】

1. 理解碳水化合物的性质与结构的关系。
2. 掌握双糖和多糖的水解过程和产物。
3. 初步掌握氨基酸的两性特征和蛋白质的常用鉴别方法。

【实验原理】

碳水化合物主要指多羟基醛或多羟基酮，以及它们的缩合产物，通常分为单糖、双糖和多糖。碳水化合物一个常用的定性反应是在浓硫酸的存在下，糖与 α-萘酚作用生成紫色环的反应。一般认为是糖被浓硫酸脱水生成糠醛或其衍生物，后者进一步与 α-酚缩合形成有色化合物。

单糖能还原斐林试剂和吐伦试剂，还能与过量的苯肼生成脎。糖脎有良好的晶形和一定的熔点，根据糖脎的形状和熔点可以鉴别不同的糖。果糖和葡萄糖结构不同却生成相同的脎，但是两者的反应速率不同，析出糖脎的时间也不同。

双糖由于两个单糖的结合方式不同，分为还原性双糖（如麦芽糖、乳糖、纤维二糖等）和非还原性双糖（如蔗糖等），前者分子中有一个半缩醛羟基，所以能形成脎，也具有还原性；后者分子中没有半缩醛羟基，因此不能形成脎，也不具有还原性。

淀粉和纤维素都是由许多葡萄糖通过缩合形成的。葡萄糖以 α-糖苷键连接可形成淀粉，

以 β-糖苷键连接形成纤维素，两者均无还原性。淀粉与碘作用可形成蓝色包合物，在酸或酶的作用下，淀粉可水解为葡萄糖。

蛋白质是极其复杂的含氮有机化合物，它是构成活细胞原生物的主要成分，其水解的最终产物是 α-氨基酸。

除甘氨酸外，其余 α-氨基酸都含有手性碳原子，因此都具有旋光活性。氨基酸分子中既含有酸性基团（羧基），又含有碱性基团（氨基），属于两性化合物，与酸或碱都可发生反应生成相应的盐。

蛋白质是由许多氨基酸通过肽键连接而成的，因此能起二缩脲反应。蛋白质和 α-氨基酸能与某些试剂发生颜色反应。其中与茚三酮作用生成蓝紫色化合物，可用于鉴别所有的蛋白质和 α-氨基酸；黄蛋白反应可鉴别蛋白质中的酪氨酸和苯丙氨酸；米隆（Millon）反应可鉴别蛋白质中的酪氨酸；乙醛酸反应用于检验蛋白质中的色氨酸。

向蛋白质溶液中加入中性盐，如 Na_2SO_4 或（NH_4）$_2SO_4$ 等，由于这些电解质离子的水化能力很强，可以破坏蛋白质胶粒的水化膜，削弱胶粒所带的电荷，从而破坏蛋白质胶体，产生沉淀，这个过程称为盐析。盐析作用是可逆的，此过程中蛋白质的结构、性质和生理活性等都不发生改变。

蛋白质受物理或化学因素的影响，改变其分子的内部结构和性质的过程称为蛋白质的变性。蛋白质的变性过程是不可逆的，其分子的空间结构受到破坏，性质也改变，且丧失生理活性。

【仪器与试剂】

仪器：试管、石棉网、烧杯、酒精灯、试管架、铁架台、显微镜。

试剂：NaOH（40%、20%、10%）、1% HAc、$AgNO_3$（2%、5%）、浓 HCl、浓 H_2SO_4、浓 HNO_3、$HgCl_2$ 饱和溶液、2%淀粉、冰醋酸、甲基橙指示剂、酚酞指示剂、浓 $NH_3 \cdot H_2O$、（NH_4）$_2SO_4$ 固体、$CuSO_4$（1%、5%）、苯肼试剂、米隆试剂、斐林试剂（A、B）、蛋白质溶液、10%鞣酸、2%甘氨酸、α-萘酚的乙醇溶液、苦味酸饱和溶液、1%茚三酮、4%葡萄糖、4%果糖、4%蔗糖、4%麦芽糖、pH 试纸。

【实验内容】

1. α-萘酚试验（莫力许试验）

在五支试管中分别加入 0.5mL 4%葡萄糖、4%果糖、4%蔗糖、4%麦芽糖和2%淀粉溶液，各滴入2滴 α-萘酚的乙醇溶液，摇匀，倾斜试管，沿管壁慢慢加入1mL 浓 H_2SO_4，勿摇动，H_2SO_4 在下层，样品在上层，观察两层交界处有什么现象。

2. 银镜反应（吐伦试验）

取五支洁净的试管，各加入1mL 5% $AgNO_3$ 溶液和2滴 20% NaOH 溶液，逐滴加入浓 $NH_3 \cdot H_2O$ 至生成的沉淀刚好溶解，再分别加入 0.5mL 4%葡萄糖、4%果糖、4%蔗糖、4%麦芽糖和2%淀粉溶液，在 50℃水浴中加热，观察有无银镜生成。

3. 斐林试验

在五支洁净的试管中分别加入 0.5mL 斐林试剂 A 和斐林试剂 B，混合均匀，再分别加入 0.5mL 4%葡萄糖、4%果糖、4%蔗糖、4%麦芽糖和2%淀粉溶液，摇匀后，将试管放入水浴中加热，观察有无砖红色的沉淀生成。

4. 成脲反应

在四支试管中分别加入1mL 4%葡萄糖、4%果糖、4%蔗糖、4%麦芽糖溶液，再各加入 0.5mL 苯肼试剂，摇匀后，放入沸水浴中加热，比较不同糖形成糖脎晶体的速率，并在显微镜下观察糖脎晶体的形状。

5. 淀粉水解反应

在一支试管中加入 3mL 2％的淀粉溶液，再加入 1 滴浓 HCl，在沸水浴中加热 5min，冷却后用 10％的 NaOH 溶液中和，加斐林试剂 A 和 B 各 2 滴，水浴加热后观察实验现象。

6. 氨基酸的两性性质

在两支试管中各加入 3mL 蒸馏水，一支试管中加 2 滴 10％的 NaOH 溶液、1 滴酚酞指示剂，另一支试管中加 2 滴 1％HAc 溶液、1 滴甲基橙指示剂，然后分别加入 1mL 2％甘氨酸溶液，观察体系颜色的变化并解释原因。

7. 蛋白质的可逆沉淀-盐析作用

在一支试管中加入 3mL 蛋白质溶液，再加入 $(NH_4)_2SO_4$ 固体使之成为 $(NH_4)_2SO_4$ 的饱和溶液，观察现象。再加入 1mL 蒸馏水，振荡，又有何现象？

8. 蛋白质的不可逆沉淀

(1) 与重金属盐的作用。在三支试管中各加入 2mL 蛋白质溶液，再分别滴加 2～4 滴 $HgCl_2$ 饱和溶液、5％$CuSO_4$ 溶液及 2％$AgNO_3$ 溶液，摇匀，观察沉淀的生成。再各加入 1mL 蒸馏水，观察沉淀是否溶解。

(2) 与生物碱试剂的作用。取两支试管，加入 1mL 蛋白质溶液和 2 滴 1％HAc 溶液，再分别滴加 5～10 滴饱和苦味酸和 10％鞣酸，观察沉淀的生成。再分别加入蒸馏水，观察沉淀是否溶解。

(3) 受热试验。在一支试管中加入 2mL 蛋白质溶液，放入沸水浴中加热 5～10min，观察现象。再加入 2～3mL 蒸馏水，观察絮状沉淀是否溶解。

9. 蛋白质的颜色反应

(1) 茚三酮反应。在两支试管中分别加入 1mL 蛋白质溶液和 1mL 2％甘氨酸溶液，然后分别滴加 10 滴茚三酮溶液，将试管放沸水浴中加热，观察现象。

(2) 二缩脲的反应。向盛有 3mL 蛋白质溶液的试管中加入 2 滴 40％ NaOH 溶液，摇匀后，滴加 2～3 滴 $CuSO_4$ 溶液，观察颜色变化。

 【思考题】

1. 在糖的成脎试验中，蔗糖和苯肼试剂长时间加热也能得到黄色晶体，怎样解释这个实验现象？

2. 如何鉴别还原糖与非还原糖？

3. 用什么反应可以区别 α-氨基酸和蛋白质？

第6章 定量分析

在科学研究和生产过程中，经常需要测定物质中各种组分的含量，如农产品、林产品、畜牧水产品的品质分析；肥料、农药的执照和农牧产品加工过程中的生产控制；水质、大气、土壤污染状况的监测、土壤肥力的测定，农副产品中农药残留量的分析以及家畜、作物的生理、生化等研究工作都需要进行定量分析。

根据测定原理和方法的不同，定量分析可分为化学分析法和仪器分析法。化学分析法是根据已知的、可以定量进行的化学反应所设计的分析方法，主要有滴定分析法和重量分析法。仪器分析法是根据待测物质的物理或物理化学性质及其组成和浓度之间的关系，利用特殊的仪器进行的分析方法。本章以化学分析法实验为主，也选编了少量仪器分析实验，如分光光度法实验等。拟通过完成这些实验，使学生掌握滴定分析法的基本操作技能和基本仪器的使用方法，培养学生严谨的工作作风和实事求是的科学态度，为后继课程学习以及以后的工作打下良好的基础。

实验6-1 碱标准溶液的配制与标定、食醋总酸度测定

【实验目的】

1. 掌握碱标准溶液的配制与标定方法。
2. 熟悉滴定管、移液管、容量瓶的使用方法。
3. 掌握食醋中总酸度测定的原理和方法。

【实验原理】

碱标准溶液常用 NaOH 或 KOH，也可用 $Ba(OH)_2$ 来配制。NaOH 标准溶液应用最多，但它易吸收空气中 CO_2 和水分，并能腐蚀玻璃，所以长期保存要放在塑料瓶中。

标准溶液的配制方法有直接法和间接法。

1. 直接法

用分析天平准确称取一定质量的纯物质，经溶解后转移到容量瓶中，稀释，定容，摇匀。根据下式计算溶液的准确浓度。

$$c_B = \frac{m_B}{M_B V}$$

式中，m_B 为 B 物质的质量；M_B 为 B 物质的摩尔质量；V 为容量瓶体积。

只有基准物质才能采用直接法配制标准溶液。

2. 间接法

非基准物质必须采用间接法配制标准溶液，即先配成近似等于所需浓度的溶液，然后再用基准物质或已知准确浓度的另一标准溶液确定其准确浓度，此过程称为标定。

NaOH 为非基准物质，用间接法配制标准溶液。

标定 NaOH 标准溶液的基准物质有邻苯二甲酸氢钾、草酸等。本实验介绍邻苯二甲酸氢钾（$KHC_8H_4O_4$）标定 NaOH 标准溶液的方法。即用间接法配得的 NaOH 标准溶液滴定已知准确质量的邻苯二甲酸氢钾，标定反应式为：

$$KHC_8H_4O_4 + NaOH \Longrightarrow KNaC_8H_4O_4 + H_2O$$

滴定到达化学计量点时产物 $KNaC_8H_4O_4$ 的 pH 在 9 左右，应选择酚酞作指示剂。

食醋的主要成分是醋酸，此外还有少量有机酸，如乳酸。因醋酸的 $K_a = 1.8 \times 10^{-5}$，乳酸的 $K_a = 1.4 \times 10^{-4}$，都能满足 $cK_a \geqslant 10^{-8}$ 的滴定条件，故均可被碱标准溶液直接滴定。所以实际测得的结果是食醋中总酸度。因醋酸含量多，故常用醋酸含量来表示。此滴定属于强碱弱酸滴定，突跃范围偏于碱性区，故选酚酞做指示剂。

【仪器与试剂】

仪器：滴定管（50mL）、试剂瓶（500mL）、容量瓶（250mL）、移液管（25mL）、锥形瓶（250mL）、烧杯（250mL、100mL）、量筒（500mL、5mL）、洗瓶、胶头滴管、玻璃棒、洗耳球、分析天平。

试剂：10% NaOH、酚酞指示剂（0.2% 的酚酞乙醇溶液）、邻苯二甲酸氢钾（分析纯）。

【实验内容】

1. NaOH 标准溶液的配制

配制 500mL 0.1mol·L⁻¹ NaOH 溶液，需量取 10mol·L⁻¹ NaOH 的体积为：

$$V(NaOH) = \frac{500 \times 0.10}{10} = 5mL$$

用小量筒量取 10mol·L⁻¹ NaOH 上层清液（如果有 CO_2 存在，则以 Na_2CO_3 形式沉淀在底部）5mL，倒入橡皮塞的细口瓶中，用加热煮沸冷却后的蒸馏水稀释至 500mL，盖上塞子，贴上标签，摇匀备用。

2. 0.1mol·L⁻¹ NaOH 标准溶液的标定

准确称取 3.9~4.0g $KHC_8H_4O_4$ 于烧杯中，加蒸馏水溶解，转移至 250mL 容量瓶中定容，备用。用移液管准确移取 $KHC_8H_4O_4$ 溶液 25.00mL 于锥形瓶中，加入 1~2 滴酚酞指示剂，用待标定的 NaOH 标准溶液滴定至呈现微红色，保持 30s 不褪色，即为终点。记录消耗 NaOH 的体积。平行测定 3 次。计算 NaOH 标准溶液的浓度。

3. 食醋试液的制备

食醋中含醋酸为 3%~5%，浓度较大，需要稀释。用移液管吸取 25.00mL 食醋于 250mL 容量瓶中，用水稀释至刻度，摇匀，备用。

4. 食醋总酸度的测定

用移液管吸取稀释好的食醋试液 25.00mL，放入锥形瓶中，加 2 滴酚酞指示剂，用 NaOH 标准溶液滴定至溶液由无色变为微红色，并 30s 内不褪色示为终点。记录 NaOH 消耗的体积，平行测定 3 次。计算醋酸的总酸度。

计算公式：

$$c(NaOH) = \frac{m \times \dfrac{25.00}{250.0}}{0.2042 \times V(NaOH)}$$

$$c(HAc)/(g/100mL) = c(NaOH)V(NaOH) \times \frac{M(HAc)}{1000} \times \frac{100}{25.00} \times 10$$

$$[M(HAc) = 60.05 g \cdot mol^{-1}]$$

注意事项

1. 转移标准溶液过程中，装入滴定管时，应直接用试剂瓶，不得再用其他容器。

2. 容量瓶在定容时，溶液的温度一定要冷却到室温。

3. 用 NaOH 标准溶液滴定 HAc，属强碱滴定弱酸，CO_2 的影响严重，注意除去所用 NaOH 标准溶液和蒸馏水中的 CO_2。

【数据记录与处理】

1. NaOH 标准溶液的标定

记录项目＼序号	I	II	III
$m(KHC_8H_4O_4)/g$			
NaOH 初读数/mL			
NaOH 终读数/mL			
$V(NaOH)/mL$			
$c(NaOH)/mol \cdot L^{-1}$　测定值			
$c(NaOH)/mol \cdot L^{-1}$　平均值			
相对平均偏差/%			

2. 食醋总酸度的测定

记录项目＼序号	I	II	III
$c(NaOH)/mol \cdot L^{-1}$			
NaOH 初读数/mL			
NaOH 终读数/mL			
$V(NaOH)/mL$			
$V(HAc)/mL$			
$c(HAc)/g \cdot 100mL^{-1}$　测定值			
$c(HAc)/g \cdot 100mL^{-1}$　平均值			
相对平均偏差/%			

【思考题】

1. 用 NaOH 滴定 HCl 溶液时，为何选用酚酞做指示剂？

2. 测定食醋总酸度时，为什么不能用含有 CO_2 的蒸馏水？若含有 CO_2，结果会怎样？

3. 测定食醋总酸度时，为什么选用酚酞做指示剂？

实验6-2 酸标准溶液的配制与标定、混合碱各组分含量测定 ▶▶

【实验目的】

1. 掌握酸标准溶液的配制与标定方法。
2. 掌握双指示剂法测定混合碱的原理和方法。
3. 熟练使用滴定分析常用仪器。

【实验原理】

酸标准溶液通常用 HCl 或 H_2SO_4 来配制。因为盐酸不会破坏指示剂，同时大多数氯化物易溶于水，稀盐酸又较稳定，所以多数用盐酸来配制。如果样品需要过量的酸标准溶液共同煮沸时，以硫酸标准溶液为好，尤其酸标准溶液浓度大时，更应如此。

由于浓 HCl 不够稳定，所以用间接法来配制其标准溶液。

标定 HCl 标准溶液的基准物质有无水碳酸钠、硼砂等。这两种物质中硼砂（四硼酸钠）更好些，因为它的摩尔质量比较大。用硼砂标定 HCl 的反应式为：

$$Na_2B_4O_7 + 2HCl + 5H_2O \rlap{=\!=\!=} 2NaCl + 4H_3BO_3$$

滴定到达化学计量点时，产物有 NaCl 和 H_3BO_3（硼酸为弱酸，$K_a = 5.9 \times 10^{-10}$），溶液的 pH 在 5 左右。应选择甲基橙或甲基红做指示剂。

硼砂（$Na_2B_4O_7 \cdot 10H_2O$），由反应式可知它的基本单元为 $\frac{1}{2}Na_2B_4O_7 \cdot 10H_2O$，硼砂基本单元的摩尔质量为 $M(\frac{1}{2}Na_2B_4O_7 \cdot 10H_2O) = \frac{381.37}{2} = 190.7 \text{g} \cdot \text{mol}^{-1}$

NaOH 和 Na_2CO_3、Na_2CO_3 和 $NaHCO_3$ 均称为混合碱。测定各组分含量时常用双指示剂法。

双指示剂法是利用两种指示剂在不同化学计量点产生颜色变化，得到两个终点，根据各终点时所消耗的标准溶液体积计算各组分含量的方法。

本实验所选用的被测混合碱是 Na_2CO_3 和 $NaHCO_3$，标准溶液是 HCl。$NaCO_3$ 为二元碱，分两步反应。其反应式为：

$$Na_2CO_3 + HCl \rlap{=\!=\!=} NaHCO_3 + NaCl \qquad 第一步$$
$$NaHCO_3 + HCl \rlap{=\!=\!=} H_2CO_3 + NaCl \qquad 第二步$$
$$\downarrow$$
$$CO_2 + H_2O$$

第一步产物为 $NaHCO_3$，其水溶液的 pH 为 8.3，选用酚酞作指示剂。第二步产物为 H_2CO_3，其溶液的 pH 为 3.9，选甲基橙作指示剂。试样中的 $NaHCO_3$ 在第一步不起反应，Na_2CO_3 在第一步、第二步都起反应。根据两步反应所消耗 HCl 的体积，可计算 Na_2CO_3、Na_2HCO_3 的含量。

【仪器与试剂】

仪器：滴定管（50mL）、试剂瓶（500mL）、容量瓶（250mL）、移液管（25mL）、锥形瓶（250mL）、烧杯（250mL、100mL）、量筒（500mL、5mL）、洗瓶、胶头滴管、玻璃棒、洗耳球、分析天平。

试剂：浓盐酸（或 1∶1HCl）、甲基橙指示剂（0.2％甲基橙水溶液）、硼砂（分析纯），混合碱试样，酚酞指示剂。

【实验内容】

1. HCl 标准溶液的配制

配制 500mL 0.05mol·L^{-1} HCl 溶液，需量取浓 HCl（12mol·L^{-1}）的体积为：

$$V(HCl) = \frac{500 \times 0.05}{12.0} = 2.1mL$$

用洗净的小量筒取浓 HCl 2.1mL（或 6mol·L^{-1} HCl 4.2mL），倒入玻璃塞试剂瓶中，加蒸馏水至 500mL，盖上塞子，摇匀，备用。

2. HCl 标准溶液的标定

准确称取 1.7～1.8g 硼砂于烧杯中，加约 100mL 蒸馏水，加热溶解，待冷却后，转入 250mL 容量瓶中，用蒸馏水冲洗烧杯内壁和玻璃棒 2～3 次，全部转入容量瓶中，然后用蒸馏水稀释至刻度，摇匀，备用。

用移液管移取硼砂溶液 25.00mL 于锥形瓶中，加 1～2 滴甲基橙指示剂，用上述 HCl 溶液滴定。开始滴定速度可以稍快些，接近化学计量点时速度要慢，一滴一滴地加入，并不断摇动，当溶液突然由黄色变为橙色时，指示终点已到，立即停止滴定。记录消耗 HCl 溶液的体积。平行滴定 3 次。计算 HCl 溶液的准确浓度。

3. 样品溶液的配制

准确称取混合碱试样约 1.2～1.3g，放入烧杯中，加水溶解。然后转移到 250mL 容量瓶中定容，摇匀，备用。

4. 测定

用移液管吸取 25.00mL 样品溶液于锥形瓶中，加酚酞指示剂 1～2 滴，用 HCl 标准溶液滴定至酚酞终点，记录消耗 HCl 标准溶液的体积 V_1，再加入甲基橙指示剂 2 滴，继续用 HCl 标准溶液滴定至甲基橙终点，记录第二次消耗 HCl 的体积 V_2，平行测定 3 次，计算 Na$_2$CO$_3$ 和 NaHCO$_3$ 的质量分数。

计算公式：

$$c(HCl) = \frac{m \times \dfrac{25.00}{250.0}}{\dfrac{M\left(\frac{1}{2}Na_2B_4O_7 \cdot 10H_2O\right)}{1000} V(HCl)} = \frac{m \times 0.1000}{0.1907 V(HCl)}$$

$$w(Na_2CO_3) = \frac{c(HCl) V_1 M(Na_2CO_3)}{m \times 1000} \times \frac{250.0}{25.00}$$

$$w(NaHCO_3) = \frac{c(HCl)(V_2 - V_1) M(NaHCO_3)}{m \times 1000} \times \frac{250.0}{25.00}$$

$$[M(Na_2CO_3) = 106.00g \cdot mol^{-1}, M(NaHCO_3) = 84.01g \cdot mol^{-1}]$$

注意事项

第一个滴定终点是酚酞由红色变无色，容易滴过，所以要细致观察，慢慢滴定。

【数据记录与处理】

1. HCl 标准溶液的标定

记录项目 ＼ 序号	I	II	III
m（硼砂）/g			
HCl 初读数/mL			
HCl 终读数/mL			
V（HCl）/mL			
c（HCl）/mol·L^{-1} 测定值			
c（HCl）/mol·L^{-1} 平均值			
相对平均偏差/%			

2. 混合碱各组分含量的的定

记录项目 ＼ 序号	I	II	III
m（混合碱）/g			
c（HCl）/mol·L^{-1}			
HCl 初读数/mL			
HCl 终读数/mL			
V_1（HCl）/mL			
HCl 初读数/mL			
HCl 初读数/mL			
V_2（HCl）/mL			
w（Na$_2$CO$_3$） 测定值			
w（Na$_2$CO$_3$） 平均值			
相对平均偏差/%			
w（NaHCO$_3$） 测定值			
w（NaHCO$_3$） 平均值			
相对平均偏差/%			

【思考题】

1. 测定混合碱（可能有 NaOH、Na$_2$CO$_3$、NaHCO$_3$），判断下列情况下，混合碱中存在的成分是什么？

（1）$V_1 = 0$，$V_2 \neq 0$；　　　（2）$V_2 = 0$，$V_1 \neq 0$；　　　（3）$V_2 \neq 0$，$V_1 > V_2$；

（4）$V_1 \neq 0$，$V_1 < V_2$；　　　（5）$V_1 = V_2 \neq 0$。

2. 本实验为什么要把混合碱试样溶解成 250mL 后再吸出 25mL 进行滴定？为什么不直接称取 0.13g 左右进行滴定？

实验6-3 氨水中氨含量测定

【实验目的】
1. 掌握氨水中氨含量的测定原理和方法。
2. 熟悉返滴定法的操作技术。

【实验原理】

氨水（$NH_3 \cdot H_2O$）是一元弱碱，$K_b = 1.8 \times 10^{-5}$，根据 $cK_b \geq 10^{-8}$ 的条件，能用强酸直接滴定。但由于氨易挥发，所以氨水的测定不能用强酸直接滴定，而需采用返滴定的方式滴定。加入一定量过量的 HCl 标准溶液，与 $NH_3 \cdot H_2O$ 完全反应，反应式为：

$$NH_3 \cdot H_2O + HCl（过量） \Longrightarrow NH_4Cl + H_2O + HCl（余）$$

剩余的 HCl 标准溶液，再用 NaOH 标准溶液返滴定。滴定反应为：

$$HCl(余) + NaOH \Longrightarrow NaCl + H_2O$$

选甲基红作指示剂。

【仪器与试剂】

仪器：滴定管（50mL）、锥形瓶（250mL）、洗瓶、烧杯（100mL）、移液管（10mL）、洗耳球。

试剂：$0.1 mol \cdot L^{-1}$ HCl 溶液、$0.1 mol \cdot L^{-1}$ NaOH 溶液、甲基红指示剂、氨水试液。

【实验内容】

从滴定管中准确放出 HCl 标准溶液 20.00mL 于锥形瓶中。然后准确移取 10.00mL 氨水试液放入盛有 HCl 标准溶液的锥形瓶中，摇匀。加甲基红指示剂 2 滴，用 NaOH 标准溶液滴定剩余的 HCl 溶液。刚开始滴定速度稍快些，待被滴定的溶液颜色变浅时，滴定速度要放慢，一滴一滴地滴定，近化学计量点时要控制半滴半滴地滴入。当溶液颜色突然由淡红色变为橙色时停止滴定。记录 NaOH 标准溶液的用量，平行测定 3 次，计算氨含量。

计算公式：

$$c(NH_3)(g/100mL) = [c(HCl)V(HCl) - c(NaOH)V(NaOH)] \times \frac{M(NH_3)}{1000} \times \frac{100}{10.00}$$

$$[M(MH_3) = 17.03 g \cdot mol^{-1}]$$

注意事项

由于终点颜色由红变橙，不好观察，所以近终点时滴定速度要慢。

【数据记录与处理】

氨水中氨含量测定

序号 记录项目	I	II	III
$c(HCl)/mol \cdot L^{-1}$			
$V(HCl)/mL$			
$c(NaOH)/mol \cdot L^{-1}$			
NaOH 初读数/mL			
NaOH 终读数/mL			

续表

记录项目 ＼ 序号		I	II	III
$V(\text{NaOH})/\text{mL}$				
$V(氨水)/\text{mL}$				
$c(氨水)/\text{g}\cdot100\text{mL}^{-1}$	测定值			
	平均值			
相对平均偏差/%				

【思考题】

1. 根据指示剂颜色变化的敏锐性，NaOH 滴定 HCl 应选择酚酞作指示剂，可是本实验滴定为什么选甲基红作指示剂，可否用酚酞？为什么？

2. 为什么先放入 20.00mL HCl 标准溶液于锥形瓶中，然后再放入氨水呢？

实验6-4 水的总硬度及钙、镁含量测定

【实验目的】

1. 掌握配位滴定法的原理及其操作技术。
2. 掌握 EDTA 法测定水中钙、镁含量及总硬度的原理及方法。

【实验原理】

自然水（自来水、河水、井水等）含有较多的钙盐、镁盐，称为硬水。锅炉用水、工业和生活等用水都需测定其硬度。水样中 Ca^{2+}、Mg^{2+} 含量或总硬度常用配位滴定法测定。在 pH＝10.0 的氨性缓冲溶液中，以铬黑 T（EBT）为指示剂，用 EDTA 标准溶液滴定水中 Ca^{2+}、Mg^{2+} 的总含量。然后另取一份水样，加入 NaOH 溶液，调 pH 为 12.0，使 Mg^{2+} 以 $Mg(OH)_2$ 沉淀形式被掩蔽，以钙指示剂指示终点，测得 Ca^{2+} 的含量。从 Ca^{2+}、Mg^{2+} 的总含量中减去 Ca^{2+} 的含量，即可求得 Mg^{2+} 的含量。

在上述条件下测定 Ca^{2+}、Mg^{2+} 时，铬黑 T（EBT）指示终点的变色原理如下。

滴定前，Ca^{2+}、Mg^{2+}（以 M 表示）与 EBT 配位形成 M-EBT 配合物，溶液显酒红色。

$$M+EBT \Longrightarrow M\text{-}EBT$$
（蓝色）　　（酒红色）

开始滴定至等量点前，溶液中游离的 Ca^{2+}、Mg^{2+} 逐步被 EDTA 配位形成 M-EDTA 配合物。溶液仍显酒红色。

$$M+EDTA \Longrightarrow M\text{-}EDTA$$
（无色）

等量点时，EDTA 夺取 M-EBT 中的 M，使 EBT 指示剂游离出来，溶液突然由酒红色变为蓝色，指示终点已到。

$$M\text{-}EBT + EDTA = M\text{-}EDTA + EBT$$
$$\text{（蓝色）}$$

用 EDTA 测定水的硬度时，Fe^{3+}、Al^{3+} 等干扰离子可用三乙醇胺予以掩蔽；Cu^{2+}、Pb^{2+}、Zn^{2+} 等重金属离子可用 KCN、Na_2S 或巯基乙酸予以掩蔽。

硬度是表示水质量的一项重要指标。我国采用的表示方法主要有两种，一种是将测得的 Ca^{2+}、Mg^{2+} 折算成 $CaCO_3$ 的质量，以每升水中含有 $CaCO_3$ 的质量表示硬度，单位为 mg·L^{-1}。另一种是将测得的 Ca^{2+}、Mg^{2+} 折算成 CaO 的质量，以每升水中含有 10mg CaO 为 1 度（°），此为德国度。硬度小于 8° 者为软水，大于 16° 者为硬水，介于 8°~16° 者为中硬水。

【仪器与试剂】

仪器：滴定管（50mL）、试剂瓶（500mL）、容量瓶（250mL）、移液管（50mL、25mL）、锥形瓶（250mL）、烧杯（250mL、100mL）、量筒（25mL、5mL）、洗瓶、玻璃棒、滴管、洗耳球、分析天平。

试剂：EDTA（固体，分析纯）、$CaCO_3$（固体，分析纯）、1：1HCl、氨性缓冲溶液（pH=10.0）、铬黑 T 指示剂、钙指示剂。

【实验内容】

1. EDTA 标准溶液的配制与标定

（1）EDTA 溶液浓度的配制　称取约 1g EDTA 二钠盐（$Na_2H_2Y\cdot2H_2O$）置于烧杯中，加 100mL 蒸馏水溶解，微热并搅拌使其完全溶解，冷却后转入试剂瓶中，稀释至 250mL，摇匀，备用。长期放置时，应储存于聚乙烯瓶中。

（2）EDTA 溶液浓度的标定　准确称取基准物质 $CaCO_3$ 0.23~0.28g 于 100mL 烧杯中，加入几滴水润湿，盖表面皿，从烧杯嘴滴加 1：1 HCl 5mL 溶解，冲洗表面皿，定容至 250mL 容量瓶中。

用移液管移取 25.00mL $CaCO_3$ 标准溶液于锥形瓶中，加 25mL 蒸馏水，加 25mL 氨性缓冲溶液，再加少量（约 0.1g）铬黑 T 指示剂，摇匀，用 EDTA 溶液滴定至溶液由酒红色变为纯蓝色即为终点。平行测定 3 次，计算 EDTA 溶液的准确浓度。

2. 水的总硬度测定

用移液管移取水样 50.00mL 于锥形瓶中，加 5mL 氨性缓冲溶液，加少量（约 0.1g）铬黑 T 指示剂，摇匀，用 EDTA 标准溶液滴定至溶液由酒红色变为纯蓝色即为终点，记录所用的体积 V_1。平行测定 3 次。

3. Ca^{2+} 含量测定

用移液管移取水样 50.00mL 于锥形瓶中，加 5mL 10% NaOH 溶液，摇匀。再加少许（约 0.1g）钙指示剂，摇匀，用 EDTA 标准溶液滴定至溶液由酒红色变为纯蓝色为终点。记录所用的体积 V_2。平行测定 3 次。

计算公式：

$$\text{水的总硬度（德国度）} = c(EDTA)V_1 \times M(CaO) \times \frac{1000}{50.00} \times \frac{1}{10} \qquad [M(CaO) = 56.08\text{g}\cdot\text{mol}^{-1}]$$

$$Ca(\text{mg}\cdot\text{L}^{-1}) = c(EDTA)V_2 \times 40.08 \times \frac{1000}{50.00}$$

$$Mg(\text{mg}\cdot\text{L}^{-1}) = c(EDTA)(V_1 - V_2) \times 24.31 \times \frac{1000}{50.00}$$

【数据记录与处理】

1. EDTA 标准溶液的标定

记录项目 ＼ 序号	I	II	III
$m(CaCO_3)/g$			
$c(CaCO_3)/mol \cdot L^{-1}$			
EDTA 初读数/mL			
EDTA 终读数/mL			
$V(EDTA)/mL$			
$c(EDTA)/mol \cdot L^{-1}$ 测定值			
$c(EDTA)/mol \cdot L^{-1}$ 平均值			
相对平均偏差/%			

2. 水硬度的测定

记录项目 ＼ 序号	I	II	III
水样 V/mL			
EDTA 初读数/mL			
EDTA 终读数/mL			
$V(EDTA)/mL$			
水的总硬度(德国度) 测定值			
水的总硬度(德国度) 平均值			
相对平均偏差/%			
水样 V/mL			
EDTA 初读数/mL			
EDTA 终读数/mL			
$V(EDTA)/mL$			
$Ca^{2+}/mg \cdot L^{-1}$ 测定值			
$Ca^{2+}/mg \cdot L^{-1}$ 平均值			
相对平均偏差/%			
$Mg^{2+}/mg \cdot L^{-1}$			

注意事项

1. 指示剂加的量要合适，加多颜色深，使变色不敏锐；加少颜色太浅，不好观察。

2. 滴定终点溶液颜色不是突变，而是酒红→紫→蓝紫→纯蓝的渐变过程，而且过量后仍是纯蓝。所以近终点时一定要慢滴，注意观察，最好有个对照，以此为准。

 【思考题】

1. 本实验中 Ca^{2+}、Mg^{2+} 总量测定时，为什么要用氨性缓冲溶液调酸度？

2. 测定 Ca^{2+} 含量时，如何消除 Mg^{2+} 的干扰？

实验6-5 $K_2Cr_2O_7$标准溶液的配制、亚铁盐中铁含量测定

【实验目的】

1. 掌握重铬酸钾法测定亚铁盐中铁含量的原理和方法。
2. 了解氧化还原指示剂的变色原理和使用。

【实验原理】

用 $K_2Cr_2O_7$ 标准溶液以二苯胺磺酸钠为指示剂测定亚铁盐中的铁，是在酸性条件下进行的，其反应式如下：

$$Cr_2O_7^{2-} + 6Fe^{2+} + 14H^+ \longrightarrow 2Cr^{3+} + 6Fe^{3+} + 7H_2O$$

随着滴定反应的进行，黄色的 Fe^{3+} 越来越多，不利于终点的观察。加入 H_3PO_4 与 Fe^{3+} 生成无色的 $[Fe(HPO_4)]^+$ 配离子，可以消除影响。同时由于 $[Fe(HPO_4)]^+$ 的生成，降低了 Fe^{3+}/Fe^{2+} 电对的电位，使突跃范围增大，避免二苯胺磺酸钠指示剂过早变色，提高了测定的准确度。在终点时溶液由浅绿色（Cr^{3+} 颜色）变为紫色或紫蓝色。

重铬酸钾纯度高，易提纯，是一种很好的基准物质，标准溶液可以采用直接法配制。$K_2Cr_2O_7$ 标准溶液非常稳定，可长期保存。

【仪器与试剂】

仪器：滴定管（50mL）、容量瓶（250mL）、移液管（25mL）、锥形瓶（250mL）、烧杯（250mL、100mL）、量筒（10mL、5mL）、洗瓶、胶头滴管、玻璃棒、洗耳球、分析天平。

试剂：$K_2Cr_2O_7$（分析纯）、$FeSO_4$ 样品、浓 H_3PO_4、0.2％二苯胺磺酸钠指示剂、$3mol \cdot L^{-1} H_2SO_4$。

【实验内容】

1. 直接法配制 $K_2Cr_2O_7$ 标准溶液

准确称取 $K_2Cr_2O_7$（分析纯）约 0.6g 于烧杯中，加水溶解，转移至 250mL 容量瓶中定容，摇匀，备用。$K_2Cr_2O_7$ 标准溶液的浓度为：

$$c\left(\frac{1}{6}K_2Cr_2O_7\right) = \frac{m(K_2Cr_2O_7) \times 1000}{M\left(\frac{1}{6}K_2Cr_2O_7\right) \times 250.0}$$

2. 亚铁盐中铁含量测定

准确称取约 2.5g 的硫酸亚铁（$FeSO_4 \cdot 7H_2O$）于烧杯中，加入 $3mol \cdot L^{-1} H_2SO_4$ 溶液 8mL，以防止水解，再加入少量蒸馏水，使其完全溶解，定量转移至 250.0mL 容量瓶中定容，摇匀，备用。

移液管吸取 25.00mL 上述溶液放入锥形瓶中，加入 $3mol \cdot L^{-1} H_2SO_4$ 溶液 5mL，加二苯胺磺酸钠指示剂 2～3 滴，再加入浓 H_3PO_4 3mL，用 $K_2Cr_2O_7$ 标准溶液滴定至溶液的颜色由绿色变为紫色或紫蓝色，表示到达滴定终点。记录消耗 $K_2Cr_2O_7$ 标准溶液的体积，平行测定 3 次，计算铁含量。

计算公式：

$$w(\text{Fe}) = \frac{c\left(\frac{1}{6}\text{K}_2\text{Cr}_2\text{O}_7\right)V(\text{K}_2\text{Cr}_2\text{O}_7)\times\frac{M(\text{Fe})}{1000}}{m_{样}\times\frac{1}{10}}$$

$$[M(\text{Fe})=55.85\text{g}\cdot\text{mol}^{-1}]$$

注意事项

1. 在加入 H_2SO_4 和 H_3PO_4 后，Fe^{2+} 更易被氧化，故应马上滴定。

2. 滴定终点由绿色变为紫色。如果绿色太深，对终点观察有影响，此时可加蒸馏水稀释，但 H_2SO_4 和 H_3PO_4 也要适当多加。

3. 二苯胺磺酸钠指示剂容易变质，颜色变为深绿色就不能再使用。

【数据记录与处理】

亚铁盐中铁含量测定

记录项目 \ 序号		I	II	III
$m(\text{K}_2\text{Cr}_2\text{O}_7)/\text{g}$				
$c(1/6\text{K}_2\text{Cr}_2\text{O}_7)/\text{mol}\cdot\text{L}^{-1}$				
$V(\text{K}_2\text{Cr}_2\text{O}_7)$初读数/mL				
$V(\text{K}_2\text{Cr}_2\text{O}_7)$终读数/mL				
$V(\text{K}_2\text{Cr}_2\text{O}_7)/\text{mL}$				
$m(\text{FeSO}_4\cdot\text{H}_2\text{O})/\text{g}$				
w(铁含量)/%	测定值			
	平均值			
相对平均偏差/%				

 【思考题】

1. $K_2Cr_2O_7$ 为什么能用直接法配制标准溶液？

2. $K_2Cr_2O_7$ 法测定 Fe^{2+} 时，滴定前为什么要加入 H_2SO_4？加 HCl 行不行？

3. 氧化还原指示剂与酸碱指示剂有何不同？

4. 滴定时加入浓 H_3PO_4 的作用是什么？

实验6-6 KMnO₄标准溶液的配制和标定、过氧化氢含量测定 ▶▶

【实验目的】

1. 了解 $KMnO_4$ 标准溶液的配制方法和保存条件。

2. 掌握用 $Na_2C_2O_4$ 作基准物质，标定 $KMnO_4$ 标准溶液浓度的原理和方法。

3. 通过测定 H_2O_2 含量进一步了解 $KMnO_4$ 法的特点。

【实验原理】

市售的 $KMnO_4$ 中含有少量的 MnO_2 和其他杂质，如硫酸盐、氯化物及硝酸盐等。蒸馏水中也含有微量还原性物质，它们可与 $KMnO_4$ 反应而析出 $MnO(OH)_2$ (MnO_2 的水合物)，产生的 MnO_2 和 $MnO(OH)_2$ 又能进一步促进 $KMnO_4$ 的分解。光线也能促进它分解。因此，$KMnO_4$ 标准溶液不能用直接法配制。

标定 $KMnO_4$ 溶液的基准物质有 $Na_2C_2O_4$、$H_2C_2O_4 \cdot 2H_2O$、$(NH_4)_2Fe(SO_4)_2 \cdot 6H_2O$ 等，其中 $Na_2C_2O_4$ 不含结晶水，容易提纯，没有吸湿性，是常用的基准物质。

在酸性溶液 $C_2O_4^{2-}$ 与 MnO_4^- 的反应：

$$2MnO_4^- + 5C_2O_4^{2-} + 16H^+ \Longrightarrow 2Mn^{2+} + 10CO_2 + 8H_2O$$

此反应在室温下进行很慢，必须加热至 $75 \sim 85℃$，可以加快反应的进行。但温度也不宜过高，否则容易引起草酸分解：

$$H_2C_2O_4 \Longrightarrow H_2O + CO_2 \uparrow + CO \uparrow$$

滴定中，最初几滴 $KMnO_4$ 即使在加热情况下，与 $C_2O_4^{2-}$ 反应仍然很慢，当溶液中产生 Mn^{2+} 以后，反应速率才逐渐加快，因为 Mn^{2+} 对反应有催化作用，这种现象叫作自动催化作用。

在滴定过程中，必须保持溶液一定的酸度，否则容易产生 MnO_2 沉淀，引起误差。调节酸度需用硫酸。因盐酸中 Cl^- 有还原性，硝酸中 NO_3^- 又有氧化性，醋酸酸性太弱，达不到所需要的酸度，所以都不适用。滴定时适宜的酸度 $c = 1mol \cdot L^{-1}$。

由于 $KMnO_4$ 溶液本身具有特殊的紫红色，滴定时 $KMnO_4$ 溶液稍微过量，即可看到溶液呈微红色示终点已到，故称 $KMnO_4$ 为自身指示剂。

H_2O_2 在工业、生物、医药等方面具有广泛的用途。它在酸性溶液中是一个较强的氧化剂，但遇 $KMnO_4$ 却为还原剂。

用 $KMnO_4$ 测定 H_2O_2 是在稀硫酸溶液中，室温条件下进行的。其反应式如下：

$$5H_2O_2 + 2MnO_4^- + 6H^+ \Longrightarrow 2Mn^{2+} + 5O_2 \uparrow + 8H_2O$$

刚开始滴定时加入 $KMnO_4$ 的速度不能太快，否则产生棕色 MnO_2 沉淀，MnO_2 又可促进 H_2O_2 的分解，增加测定误差。滴入一滴 $KMnO_4$ 溶液时，颜色不易消褪，待 Mn^{2+} 不断生成后，由于 Mn^{2+} 催化作用，加快了反应速率，滴定速度也随之加快，当近化学计量点时要慢滴，一直滴定到呈现稳定的微红色，即为终点。

【仪器和试剂】

仪器：滴定管（50mL）、试剂瓶（500mL）、容量瓶（250mL）、移液管（25mL、10mL）、锥形瓶（250mL）、烧杯（250mL、100mL）、量筒（500mL、5mL）、洗瓶、胶头滴管、玻璃棒、洗耳球、分析天平。

试剂：$KMnO_4$ 固体、$Na_2C_2O_4$（分析纯在 $105 \sim 110℃$ 烘干 2h 备用）、3% H_2O_2 溶液，$3mol \cdot L^{-1} H_2SO_4$。

【实验内容】

1. $c\left(\dfrac{1}{5}KMnO_4\right) = 0.1mol \cdot L^{-1}$ 的 $KMnO_4$ 标准溶液的配制

用台秤称取 $KMnO_4$ 固体约 1g，放入 500mL 试剂瓶中，加 300mL 蒸馏水溶解，摇匀，贴标签，在室温下放置 $5 \sim 7$ 天后备用。

2. KMnO₄ 溶液的标定

准确称取 Na₂C₂O₄ 1.2~1.4g 于 250mL 烧杯中，溶解，定容于 250mL 容量瓶中，摇匀，备用。吸取 25.00mL Na₂C₂O₄ 溶液，并加入 3mol·L⁻¹ H₂SO₄ 溶液 5mL，加热至 75~85℃，趁热用 KMnO₄ 标准溶液滴定。刚开始反应较慢，滴入一滴 KMnO₄ 标准溶液，摇动，等溶液褪色，再加第二滴（此时生成了 Mn²⁺ 起催化作用）。随着反应速率的加快，滴定速度也可逐渐加快，但近化学计量点时要小心滴加，不断摇动。滴定至溶液呈现微红色即为终点，记录消耗 KMnO₄ 标准溶液的体积，平行测定 3 次，计算 $c\left(\dfrac{1}{5}\text{KMnO}_4\right)$。

3. H₂O₂ 含量测定

用移液管移取 3% H₂O₂ 10.00mL，置于 250mL 容量瓶中，加水稀释至刻度，摇匀。用移液管吸取上述配得的 H₂O₂ 稀释液 25.00mL，置于锥形瓶中，加 5mL 3mol·L⁻¹ H₂SO₄，用 KMnO₄ 标准溶液滴定至微红色即为终点，记录消耗 KMnO₄ 标准溶液的体积，平行测定 3 次，计算 H₂O₂ 含量。

计算公式：

$$c\left(\frac{1}{5}\text{KMnO}_4\right)=\frac{m(\text{Na}_2\text{C}_2\text{O}_4)\times\dfrac{25.00}{250.0}\times1000}{M\left(\dfrac{1}{2}\text{Na}_2\text{C}_2\text{O}_4\right)V(\text{KMnO}_4)}$$

$$w(\text{H}_2\text{O}_2)(\text{g·100mL}^{-1})=\frac{c\left(\dfrac{1}{5}\text{KMnO}_4\right)V(\text{KMnO}_4)\times\dfrac{M\left(\dfrac{1}{2}\text{H}_2\text{O}_2\right)}{1000}\times100}{10.00\times\dfrac{1}{10}}$$

$$\left[M\left(\frac{1}{2}\text{Na}_2\text{C}_2\text{O}_4\right)=67.00\text{g·mol}^{-1},\ M\left(\frac{1}{2}\text{H}_2\text{O}_2\right)=17.01\text{g·mol}^{-1}\right]$$

注意事项

1. 在酸性加热情况下，KMnO₄ 溶液容易分解，滴定速度不得过快。

2. 滴定近化学计量点时，溶液温度应不低于 55℃，否则因反应速率慢而影响终点的观察和准确度。

3. 滴定速度要和反应速率相一致，开始慢，逐渐加快，近终点时滴定速度逐渐放慢。

4. 滴定速度不能太快，否则产生 MnO₂，促进 H₂O₂ 分解，增加误差。

【数据记录与处理】

1. KMnO₄ 溶液的标定

记录项目＼序号	I	II	III
$m(\text{Na}_2\text{C}_2\text{O}_4)$/g			
$V(\text{KMnO}_4)$初读数/mL			
$V(\text{KMnO}_4)$终读数/mL			
$V(\text{KMnO}_4)$/mL			
$c(1/5\text{KMnO}_4)$/mol·L⁻¹ 测定值			
$c(1/5\text{KMnO}_4)$/mol·L⁻¹ 平均值			
相对平均偏差/%			

2. H_2O_2 含量的测定

记录项目 ＼ 序号		I	II	III
$c(1/5KMnO_4)/mol \cdot L^{-1}$				
$V(KMnO_4)$初读数/mL				
$V(KMnO_4)$终读数/mL				
$V(KMnO_4)$/mL				
H_2O_2 含量 /g·100mL^{-1}	测定值			
	平均值			
相对平均偏差/%				

【思考题】

1. $KMnO_4$ 标准溶液为什么不能用直接法配制？

2. 标定 $KMnO_4$ 标准溶液时，为什么第一滴 $KMnO_4$ 溶液的颜色褪得很慢，而以后会逐渐加快？

3. $KMnO_4$ 溶液的标定为什么需在强酸性溶液中，并在加热的情况下进行？酸度过低对滴定有何影响？温度过高又有何影响？

4. $KMnO_4$ 法测 H_2O_2 含量时，其滴定速度为何不能太快？

实验6-7 钼锑抗分光光度法测定磷

【实验目的】

1. 掌握分光光度法测定磷的原理和方法。

2. 掌握分光光度计的使用方法。

【实验原理】

微量磷的测定，多数采用钼蓝法。将样品中的磷酸盐在酸性条件下与钼酸铵作用生成磷钼酸。反应式：

$$PO_4^{3-} + 12MoO_4^{2-} + 27H^+ \Longrightarrow H_7[P(Mo_2O_7)_6] + 10H_2O$$

在一定的酸度下加入适量的还原剂，使黄色的磷钼酸还原为灵敏度更高的蓝色配合物，蓝色的深浅与磷的含量成正比，可用分光光度法进行测定。

常用的还原剂有 $SnCl_2$、$FeSO_4$、抗坏血酸、1,2,4-氨基萘酚磺酸等。$SnCl_2$ 反应的灵敏度虽然较高，但蓝色的稳定性较差，对酸度和钼酸铵试剂的浓度要求较严格。抗坏血酸其优点是蓝色稳定，酸度要求范围宽，干扰少，但反应速率慢。为加快反应速率，常用酒石酸氧锑钾、钼酸铵和抗坏血酸的混合显色剂与磷酸盐反应形成磷锑钼混合的杂多酸，组成比为 P：Sb：Mo＝1：2：12，在常温下，可迅速地被抗坏血酸还原为钼蓝（此分析法称为钼锑抗法）。反应的适宜酸度为 $0.55\sim0.75mol \cdot L^{-1}$（以 $0.65mol \cdot L^{-1}$ 为最好），显色时间为30～60min，温度为

$20\sim60^{\circ}\mathrm{C}$，颜色可稳定 24h，含磷量在 $0.05\sim2\mu\mathrm{g}\cdot\mathrm{mL}^{-1}$ 时服从比耳定律。

【仪器及试剂】

仪器：滴定管（50mL）、试剂瓶（500mL）、容量瓶（1000mL 、250mL、50mL）、移液管（10mL）、刻度吸管管（10mL、5mL）、烧杯（1000mL 、250mL）、量筒（5mL）、洗瓶、胶头滴管、玻璃棒、洗耳球、比色皿（1mL）、分光光度计。

试剂：

1. 磷标准溶液（$10\mu\mathrm{g}\cdot\mathrm{mL}^{-1}$）。

2. 钼锑抗试剂　用台秤称取酒石酸氧锑钾$[\mathrm{K(SbO)C_4H_4O_6}]$ 0.5g，溶于 100mL 蒸馏水中。另称取钼酸铵$[\mathrm{(NH_4)_6MoO_4\cdot4H_2O}]$ 10g，溶于 400mL 蒸馏水中，徐徐加入 153mL（或 180mL）浓硫酸，边加边搅拌（注意：加浓硫酸前先放在冷水中），再将已配好的酒石酸氧锑钾溶液 100mL 加到钼酸铵溶液中，冷至室温，加蒸馏水稀释到 1000mL，定容，摇匀，贮于棕色瓶中。

临用前称取 1.5g 抗坏血酸溶解于 100mL 钼锑混合液中，搅匀。此液即为钼锑抗试剂。有效期为 24h（保存在冰箱中可长一些）。此试剂的 $\mathrm{H_2SO_4}$ 浓度为 $c\left(\dfrac{1}{2}\mathrm{H_2SO_4}\right)\approx5.5\mathrm{mol}\cdot\mathrm{L}^{-1}$（或 $6.5\mathrm{mol}\cdot\mathrm{L}^{-1}$）。

【实验内容】

1. 磷标准溶液的配制

用直接称量法准确称取已烘干（105℃）的分析纯磷酸二氢钾（$\mathrm{KH_2PO_4}$）0.2197g，溶解于蒸馏水中并加浓硫酸 5mL（防霉菌），移入 1000mL 容量瓶中，用蒸馏水稀释至刻度，摇匀备用。此溶液含磷量为 $50\mu\mathrm{g}\cdot\mathrm{mL}^{-1}$。

将上述溶液稀释 5 倍，配制成含磷量为 $10\mu\mathrm{g}\cdot\mathrm{mL}^{-1}$ 的标准溶液。

2. 标准曲线的绘制与磷含量的测定

吸 取 $10\mu\mathrm{g}\cdot\mathrm{mL}^{-1}$ 标 准 溶 液 0.00mL、2.00mL、4.00mL、6.00mL、8.00mL、10.00mL，分别放入 6 支 50mL 容量瓶中，另吸取 10.00mL 含磷未知液，同样放入 50mL 容量瓶中。然后在上述 7 支容量瓶中各加入钼锑抗试剂 5.00mL，用蒸馏水稀释至刻度，摇匀，待 30min。在 650nm 波长处，采用 1cm 比色皿，用"0"号溶液作参比液调仪器的工作零点（即 $A=0$，$T=100\%$），然后测定各溶液的吸光度（A）值。把测定的数据记录于表中。

以吸光度（A）为纵坐标，以磷浓度为横坐标，用 Excel 绘制标准曲线，根据标准曲线求得未知样中磷含量[1]。

【数据记录与处理】

标准曲线的绘制和铁含量的测定

试液	磷标准溶液						未知液
样品号	1	2	3	4	5	6	7
体积/mL							
吸光度(A)							
磷浓度(含量)/$\mu\mathrm{g}\cdot\mathrm{mL}^{-1}$							

附注

[1] 用 Excel 绘制标准曲线，求未知样浓度的方法：打开 Excel，输入系列 X、Y 数据（本实验中 1～6 号磷标准溶液的浓度为横坐标 X，相应的吸光度 A 为纵坐标 Y）→选定数据→插入→散点图→选第一个图→显示标准曲线→右击标准曲线中"点"处→选定添加趋势线→选定"显示公式"和"显示 R 的平方值"→即出现回归方程和 R 的平方值，把未知样的吸光度代入方程中就能算出未知样中磷的浓度，继而求算出未知液中磷含量。

【思考题】

1. 本实验加入 $SnCl_2$ 的作用是什么？
2. 配制钼酸铵溶液时为什么要加硫酸？
3. 本实验为什么要特别注意磷钼蓝有色配合物的稳定时间？

实验6-8 邻二氮菲分光光度法测定铁

【实验目的】

1. 学习分光光度分析条件的选择方法。
2. 掌握邻二氮菲分光光度法测定铁的原理和方法。
3. 熟悉分光光度计的使用方法。

【实验原理】

根据朗伯-比耳定律，$A = \varepsilon bc$，当入射光波长 λ 及光程 b 一定时，在一定浓度范围内，有色物质的吸光度（A）与该物质的浓度 c 成正比。在一定的条件下，测量一系列标准溶液的吸光度（A），以吸光度（A）为纵坐标，浓度 c 为横坐标绘制标准曲线。在测定未知溶液被测组分含量时，在同样条件下，测定未知溶液的吸光度（A），然后根据标准曲线得到被测组分的浓度，继而计算未知液的被测组分含量。

可见分光光度法中显色反应能否满足分光光度法的要求，除了主要与显色剂的性质有关外，控制好显色反应的条件也是十分重要的。显色反应条件包括溶液的酸度、显色剂的用量、有色溶液的稳定性、温度、溶剂、干扰物质、加入试剂的顺序等。这些条件都是通过实验来确定的。除了显色反应条件外，还需考虑实验的测量条件，包括光程和波长等。光程由选择的比色皿厚度决定，波长由吸收曲线决定。一般情况下，选择最大吸收波长（λ_{max}）测量，光程越长时，测定的灵敏度越高。

铁是人体内维持很多主要代谢功能所必需的重要微量元素。微量铁的测定方法较多，如原子吸收光谱法、电感耦合等离子体-质谱法（ICP-MS 法）、分光光度法等，其中邻二氮菲为显色剂的分光光度法是较为常用的方法。在 pH 为 2～9 的溶液中，Fe^{2+} 与邻二氮菲反应生成稳定的红色配合物，反应式如下：

此配合物的 $\lg K_f^{\ominus}=21.3$，最大吸收波长为 508nm。本方法不仅灵敏度高（摩尔吸光系数 $\varepsilon=1.1\times10^4$），而且选择性好，相当于含铁量 40 倍的 Sn^{2+}、Al^{3+}、Ca^{2+}、Mg^{2+}、Zn^{2+}、SiO_3^{2-} 和 20 倍的 Cr^{3+}、Mn^{2+}、PO_4^{3-} 以及 5 倍的 Co^{2+}、Cu^{2+} 等均不干扰测定。

邻二氮菲与 Fe^{3+} 能生成 3：1 的淡蓝色配合物（$\lg K_f^{\ominus}=14.1$），干扰 Fe^{2+} 的测定，因此在显色前应先用还原剂盐酸羟胺将 Fe^{3+} 全部还原为 Fe^{2+}。

$$2Fe^{3+}+2NH_2OH\cdot HCl === 2Fe^{2+}+N_2\uparrow+2H_2O+4H^++2Cl^-$$

Fe^{2+} 与邻二氮菲在 pH＝2～9 范围内均能显色，但酸度高时，反应较慢；酸度太低时，Fe^{2+} 易水解，所以一般在 pH＝5～6 的微酸性溶液中显色较为适宜。

【仪器与试剂】

仪器：容量瓶（1000mL、250mL、50mL）、刻度吸管（10mL、5mL、2mL、1mL）、移液管（25mL、10mL）、烧杯（250mL、100mL）、玻璃棒、滴管、酸度计、复合电极、比色皿（1cm）、分光光度计。

试剂：邻二氮菲（0.15％水溶液，新配制）、盐酸羟胺（$NH_2OH\cdot HCl$，10％水溶液，新配制）、NaOH（$1mol\cdot L^{-1}$）、NaAc（$1mol\cdot L^{-1}$）、HCl（$6mol\cdot L^{-1}$）。

铁标准溶液（$100\mu g\cdot mL^{-1}$）：准确称取 0.8634g $NH_4Fe(SO_4)_2\cdot12H_2O$ 于烧杯中，加入 20mL HCl（$6mol\cdot L^{-1}$）和少量水溶解后，定容至 1000mL 容量瓶中。

$10\mu g\cdot mL^{-1}$ 铁标准溶液：准确取 25.00mL $100\mu g\cdot mL^{-1}$ 铁标准溶液于 250mL 容量瓶中，定容。

【实验内容】

1. 绘制吸收曲线

用刻度吸管准确移取 $10\mu g\cdot mL^{-1}$ 铁标准溶液 5.00mL 于 50mL 容量瓶中，加入 1.00mL 10％ $NH_2OH\cdot HCl$ 溶液，摇匀。放置 2min 后，加 5.00mL $1mol\cdot L^{-1}$ NaAc 溶液、2.00mL 0.15％邻二氮菲溶液，以蒸馏水稀释至刻度，摇匀。以试剂溶液为参比液，在不同波长下（从 460～550nm，每隔 10nm）测定相应的吸光度（A）。以波长为横坐标，吸光度（A）为纵坐标，用 Excel 绘制吸收曲线[1]。由吸收曲线确定最大吸收波长 λ_{max}。

2. 测定条件的选择

（1）显色剂浓度的影响　取 5 只 50mL 容量瓶，标记为 1～5 号，分别加入 5.00mL $10\mu g\cdot mL^{-1}$ 铁标准溶液及 1.00mL 10％ $NH_2OH\cdot HCl$ 溶液，摇匀。放置 2min 后，再分别加入 0.5mL、1.0mL、2.0mL、3.0mL、4.0mL 0.15％邻二氮菲溶液和 5.00mL $1mol\cdot L^{-1}$ NaAc 溶液，以蒸馏水稀释至刻度，摇匀（在分光光度计上用 1cm 比色皿）。在 λ_{max} 选定波长（从吸收曲线上确定）处，以试剂溶液为参比液，测定上述 5 支样品溶液的吸光度（A），比较加入的邻二氮菲的体积不同时，吸光度（A）的影响，从而确定最佳邻二氮菲的用量。

（2）显色时间的影响　准确移取 $10\mu g\cdot mL^{-1}$ 铁标准溶液 5.00mL 于 50mL 容量瓶中，加入 1.00mL 10％ $NH_2OH\cdot HCl$ 溶液，摇匀。放置 2min 后，加入 5.00mL $1mol\cdot L^{-1}$ NaAc 溶液，再加入 0.15％邻二氮菲溶液，以蒸馏水稀释至刻度，摇匀。在 λ_{max} 处，以试剂溶液为参比，每隔一段时间即 0min、3min、30min、1h、1.5h、2h 测定吸光度（A），比较显色时间对吸光度（A）的影响，从而确定最佳显色时间。邻二氮菲溶液的加入量由实验(1)的结果来确定。

（3）显色溶液 pH 的影响　取 6 只 50mL 容量瓶，标记为 1～6 号，分别加入 5.00mL

$10\mu g\cdot mL^{-1}$铁标准溶液及 $1.00mL$ 10% $NH_2OH\cdot HCl$ 溶液,摇匀。放置 $2min$ 后,用刻度吸管分别加入 $0.2mL$、$0.5mL$、$1.0mL$、$2.0mL$、$2.5mL$、$3.0mL$ $1mol\cdot L^{-1}$ NaOH 溶液,再加入 0.15% 邻二氮菲溶液,以蒸馏水稀释至刻度,摇匀,显色一定时间后,在 λ_{max} 处,以试剂溶液为参比,测定各样品溶液的吸光度 (A),然后用 pH 计测量样品溶液的 pH,比较 pH 对吸光度 (A) 的影响,从而确定最佳 pH 区间。邻二氮菲溶液的加入量由实验(1) 的结果来确定,显色时间由实验(2) 的结果来确定。

3. 标准曲线的绘制和铁含量测定

准备 7 只 $50mL$ 容量瓶,标记为 $1\sim7$ 号。用刻度吸管吸取 $0.00mL$、$2.00mL$、$4.00mL$、$6.00mL$、$8.00mL$、$10.00mL$ $10\mu g\cdot mL^{-1}$铁标准溶液,分别加入 $1\sim6$ 号容量瓶中,7 号容量瓶中加入 $10.0mL$ 铁未知液,其后再分别加入 $1.00mL$ 10% $NH_2OH\cdot HCl$ 溶液,摇匀后,再各加入 $5.00mL$ $1mol\cdot L^{-1}$ NaAc 溶液和 0.15% 邻二氮菲溶液,最后以蒸馏水稀释至刻度,摇匀,显色一定时间后,在 λ_{max} 处,以试剂溶液为参比,测定各样品溶液的吸光度 (A)。邻二氮菲溶液的加入量由实验(1) 的结果来确定,显色时间由实验(2) 的结果来确定。

用 Excel 绘制标准曲线,求未知样中铁含量[2]。

【数据记录与处理】

1. 吸收曲线的绘制

测定波长 λ/nm	460	470	480	490	500	510	520	530	540	550
吸光度(A)										
λ_{max}/nm										

2. 显色剂用量影响

测定条件＼样品号	1	2	3	4	5
显色剂用量/mL					
吸光度(A)					
最佳显色剂用量/mL					

3. 显色时间的影响

测定条件＼样品号	1	2	3	4	5	6
显色时间/min						
吸光度(A)						
最佳显色时间/min						

4. 显色溶液 pH 的影响

测定条件＼样品号	1	2	3	4	5	6
pH						
吸光度(A)						
最佳 pH 区间						

5. 标准曲线的绘制和铁含量的测定

试液	铁标准溶液						未知液
样品号	1	2	3	4	5	6	7
体积/mL							
吸光度(A)							
铁浓度(含量)/$\mu g \cdot mL^{-1}$							

附注

[1] 用 Excel 绘制吸收曲线的方法：打开 Excel 输入系列 X、Y 数据（本实验中 X 为波长，Y 为吸光度 A）→选定数据→插入→散点图→选第一个图→显示吸收曲线。

[2] 用 Excel 绘制标准曲线，求未知样浓度的方法：打开 Excel 输入系列 X、Y 数据 [本实验中 1~6 号铁标准溶液的浓度为横坐标 X，相应的吸光度（A）为纵坐标 Y]→选定数据→插入→散点图→选第一个图→显示标准曲线→右击标准曲线中"点"处→选定添加趋势线→选定"显示公式"和"显示 R 的平方值"→即出现回归方程和 R 的平方值，把未知样的吸光度（A）代入方程中就能得到未知样中铁的浓度，继而就能算出未知样中的铁含量。

 【思考题】

1. 为什么在测定中加入 NaAc 溶液？可否加入 $0.1mol \cdot L^{-1}$ NaOH 溶液调节溶液 pH？

2. 用邻二氮菲法测定铁时，为什么测定前需要加入盐酸羟胺？若不加入盐酸羟胺，对测定结果有何影响？

3. 采用邻二氮菲分光光度法测定微量铁含量具有什么优点？其测定原理是什么？

实验7-1 菠菜中色素的提取、分离及含量分析

【实验目的】

1. 掌握菠菜中色素的提取、分离及各色素含量的测定方法。
2. 掌握分光光度计的使用方法。
3. 熟练薄层色谱、萃取等操作技术。

【实验原理】

菠菜叶中含有叶绿素（包括叶绿素 a 和叶绿素 b）、胡萝卜素、叶黄素等天然色素。叶绿素 a 为蓝黑色固体，在乙醇溶液中呈蓝绿色；叶绿素 b 为暗绿色，在乙醇溶液中呈黄绿

叶绿素a: R=CH₃　绿色
叶绿素b: R=CHO　黄绿色

叶绿素

α-胡萝卜素

β-胡萝卜素

黄绿色

γ-胡萝卜素

色。它们是吡咯衍生物与金属镁的配合物，结构相似，其差别仅是叶绿素 a 中一个甲基被叶绿素 b 中的甲酰基所取代。它们都是植物进行光合作用所必需的催化剂。叶绿素 a 和叶绿素 b 都不溶于水，而溶于苯、乙醚、氯仿、丙酮等有机溶剂。通常植物中叶绿素 a 的含量是叶绿素 b 的 3 倍。

胡萝卜素是一种橙色的天然色素，是四萜类化合物，为一长链结构的共轭多烯。它有 3 种异构体，即 α-胡萝卜素、β-胡萝卜素和 γ-胡萝卜素，其中 β-异构体含量最多，也最重要。目前 β-异构体已可进行工业生产，可作为维生素 A 使用，也可作为食品工业中的色素。

叶黄素是一种黄色色素，与叶绿素同时存在于植物体内，是胡萝卜素的羟基衍生物，它在绿叶中的含量通常是胡萝卜素的 2 倍。与胡萝卜素相比，叶黄素较易溶于醇，而在石油醚中溶解度较小。

本实验利用薄层色谱分离菠菜叶色素，采用分光光度法测定叶绿素 a、叶绿素 b 和类胡萝卜素的含量。根据朗伯-比耳定律，当一束单色光通过有色溶液时，因溶液的吸收而使光强下降；但是，当液层与光强一定时，溶液的浓度与吸光度呈正比，即有色溶液的浓度可通过吸光度进行测定。利用分光光度法测定光合色素乃是利用各种色素吸收光谱的不同，测出各色素于最大吸收时的吸光度，再根据色素分子在该波长下的吸光系数，建立经验公式，计算浓度。由于叶绿素在 $600 \sim 700nm$ 和类胡萝卜素在 $400 \sim 500nm$ 具有吸收峰，所以，Wetsttein 选定叶绿素 a 的吸收峰为 662nm，叶绿素 b 的吸收峰为 644nm，类胡萝卜素的吸收峰为 440nm，并建立计算上述色素浓度的公式：

$$c_a(mg \cdot L^{-1}) = 9.784A_{662} - 0.990A_{644}$$
$$c_b(mg \cdot L^{-1}) = 21.426A_{644} - 4.650A_{662}$$
$$c_t(mg \cdot L^{-1}) = c_a + c_b = 5.134A_{662} + 20.436A_{644}$$
$$c_c(mg \cdot L^{-1}) = 4.695A_{440} - 0.268(c_a + c_b)$$

$$色素含量(mg \cdot g^{-1}) = \frac{浓度(mg \cdot L^{-1}) \times 提取液总量(mL)}{叶片质量(g) \times 1000}$$

【仪器与试剂】

仪器：分光光度计、容量瓶（25mL）、展开槽、研钵、毛细管、锥形瓶（50mL）、量筒（10mL）、比色皿（1cm）。

试剂：95％乙醇、石油醚、丙酮、无水硫酸钠。

【实验内容】

1. 菠菜色素含量的测定

将菠菜叶片洗净并吸干外附水分，准确称取 0.25g 菠菜叶于研钵中，加入适量（约 1mL）95％乙醇和少许石英砂，研磨至溶液变绿，残渣变白，过滤于 25mL 容量瓶中，将残渣与滤纸反复用 95％乙醇洗涤，所有洗液转移至漏斗中过滤（至滤纸和残渣变白为止），最后定容至刻度。

将色素提取液倒入 1cm 比色皿中，分别于 662nm、644nm 和 440nm 下测定吸光度，记录数据，代入公式，计算色素提取液中各色素的浓度和含量。

2. 薄层色谱分离菠菜叶色素

（1）薄层板的制备　取载玻片 4 片，洗净晾干。在烧杯中，加入 3g 硅胶 G，边搅拌边加入 0.3％羧甲基纤维素钠（CMC）水溶液 8mL，调成糊状。用滴管（或药勺）取此糊状物，涂于上述洁净的载玻片上，用手拿带浆的载玻片一端，在水平的桌面上做上下轻微的颠动，并不时转动方向，制成薄厚均匀、表面光洁平整的薄层板。涂好硅胶 G 的薄层板置于水平的桌面上，室温放置 0.5h 后，放入烘箱中，缓慢升温至 110℃，恒温活化 0.5h，取出，稍冷后置于干燥器中备用。

（2）色素的提取　在研钵中放入 3.0g（使用台秤称取）已洗净且吸干外附水分的菠菜叶，加入 9mL 2：1 石油醚和 C_2H_5OH 混合液，适当研磨（不要研成糊状，否则会给分离造成困难）。将提取液用滴管转移至分液漏斗中，加入 5mL 饱和 NaCl 溶液（防止生成乳浊液），除去水溶性物质，分去水层，再用蒸馏水洗涤两次（每次用 2.5mL）。将有机层转入干燥的小锥形瓶中，加适量无水 Na_2SO_4，盖上盖干燥。

（3）点样　用毛细管吸取适量提取液，轻轻地点在距薄板一端 1.5cm 处，平行点两点，两点相距 1cm 左右。若一次点样浓度不够，可待样品溶剂挥发后，再在原点处点第二次，但点样斑点直径不得超过 2mm。

（4）展开　在干燥的展开槽中加入展开剂 3mL（石油醚：丙酮＝2：1），盖好缸盖并摇动，使其为溶剂蒸气所饱和。将点好样品的薄层板点样一端向下置于展开槽中（勿使样品斑点浸入展开剂），盖好盖子。当溶剂湿润的前沿上升至距板的上端约 1cm 时，取薄层板，在溶剂前沿处画一直线，晾干。使用两种不同展开剂，比较效果。

（5）计算色素的 R_f　分别测量起始线至每个斑点间的距离和起始线至溶剂前沿的距离，计算各色素的 R_f。

【数据记录和结果处理】

1. 菠菜色素含量的测定

色素	波长/nm	吸光度	含量/mg·g^{-1}

2. 菠菜色素的分离

色素　　记录项目				
颜色				
溶剂移动的距离/cm				
色素移动的距离/cm				
R_f				

 【思考题】

1. 若实验时不小心将斑点浸入展开剂中，会产生什么结果？

2. 点样时样品斑点过大，对分离效果会产生什么影响？

实验7-2 胡萝卜中 β-胡萝卜素的提取、分离及含量测定

【实验目的】

1. 学习和掌握从新鲜胡萝卜中提取、分离 β-胡萝卜素的方法。

2. 掌握紫外-可见吸收光谱法测定 β-胡萝卜素含量的方法。

3. 了解共轭多烯化合物 $\pi \rightarrow \pi^*$ 跃迁吸收波长的计算方法及共轭多烯化合物的紫外吸收光谱的特征。

【实验原理】

许多化合物如胡萝卜、地瓜、菠菜的叶、茎、果实中含有丰富的胡萝卜素，它是维生素 A 的前体，具有类似维生素 A 的活性，胡萝卜素有 α-、β-、γ-异构体，其中以 β-胡萝卜素生理活性最强。β-胡萝卜素的结构式如下：

β-胡萝卜素是维生素 A 的前体，具有类似维生素 A 的活性，它的整个分子是对称的。从结构上看 β-胡萝卜素是含有 11 个共轭双键的长链多烯化合物，它的 $\pi \rightarrow \pi^*$ 跃迁吸收带处于可见光区，因此纯的 β-胡萝卜素是橘红色晶体。

胡萝卜素不溶于水，可溶于有机溶剂中，因此植物中胡萝卜素可以用有机溶剂提取。但有机溶剂也可能同时提取植物中叶黄素、叶绿素等成分，对测定会产生干扰，需要用适当的方法加以分离。本实验采用柱色谱法将提取液中 β-胡萝卜素分离出来，经分离提纯的 β-胡萝卜素可以直接用紫外-可见分光光度法测定。

【仪器与试剂】

仪器：分光光度计、色谱柱（$1.0cm \times 10cm$）、玻璃漏斗、分液漏斗、容量瓶（100mL，10mL）、研钵、水泵、吸量管（2mL）。

试剂：活性 MgO、硅藻土助滤剂、无水 Na_2SO_4（分析纯）、正己烷（分析纯）、丙酮（分析纯）。

【实验内容】

1. 样品处理

将新鲜胡萝卜粉碎混匀，称取 2g，加 10mL 1：1 丙酮-正己烷混合溶剂，于研钵中研磨 5min，将混合溶剂滤入预先盛有 50mL 蒸馏水的分液漏斗中，残渣继续用 10mL 1：1 混合溶剂研磨，过滤，如此反复直到浸提液无色为止，合并浸提液，残渣每次用 20mL 蒸馏水洗涤两次，将洗涤后的水溶液合并，用 10mL 正己烷萃取水溶液，与前面的浸提液合并供柱色谱分离。

2. 柱色谱分离

将 2g 活性 MgO 与 2g 硅藻土助滤剂混合均匀，作吸附剂，疏松地装入色谱柱中，然后用水泵抽气使吸附剂逐渐密实，再在吸附剂顶面盖上一层约 5mm 高无水 Na_2SO_4。

将样品浸提液逐渐倾入色谱柱中，在连续抽气的条件下（或用洗耳球吹）使浸提液流过

色谱柱。用正己烷冲洗色谱柱，使胡萝卜素谱带与其他色素谱带分开。当胡萝卜素谱带移过柱中部后，用 1:9 丙酮-正己烷混合溶剂洗脱并收集流出液，β-胡萝卜素将首先从色谱柱中流出，而其他色素仍保留在色谱柱中，将洗脱的 β-胡萝卜素流出液收集在 50mL 容量瓶中，用 1:9 丙酮-正己烷混合溶剂定容。

3. 制作标准曲线

采用逐级稀释法准确配制 $25\mu g \cdot mL^{-1}$ β-胡萝卜素正己烷标准溶液。分别吸取该溶液 0.40mL、0.80mL、1.20mL、1.60mL、2.00mL 于 5 个 10mL 容量瓶中，用正己烷定容。

用 1cm 比色皿，以正己烷为参比，测定其中一个标准溶液的紫外-可见吸收光谱，找出 λ_{max}（测定的波长范围为 350~550nm），在 λ_{max} 处分别测定 5 个 β-胡萝卜素标准溶液的吸光度。

4. 测定样品液中 β-胡萝卜素的含量

将经过柱色谱分离得到的 β-胡萝卜素样品液，以 1:9 丙酮-正己烷混合溶剂为参比，测定最大 λ_{max} 处的吸光度，并计算 β-胡萝卜素的含量。

计算公式：

$$w(\beta\text{-胡萝卜素}) = \frac{50mL \times \rho}{m \times 10^6 \mu g \cdot g^{-1}}$$

式中，ρ 为标准曲线上查得的 β-胡萝卜素浓度，$\mu g \cdot mL^{-1}$；m 为胡萝卜素样品的质量，g。

【数据记录与处理】

1. β-胡萝卜素吸收曲线的绘制（绘制方法参见实验 6-8）

测定波长 λ/nm	400	410	420	430	440	450	460	470	480	490	500
吸光度(A)											
λ_{max}/nm											

2. 标准曲线的绘制（绘制方法参照实验 6-8）和 β-胡萝卜素含量的测定

m(样品)/g						
试液	β-胡萝卜素标准溶液					样品液
样品号	1	2	3	4	5	6
体积/mL						
吸光度(A)						
β-胡萝卜素浓度/$\mu g \cdot mL^{-1}$						
$w(\beta$-胡萝卜素)/%						

 【思考题】

1. 本实验是用什么方法从新鲜胡萝卜中提取、分离 β-胡萝卜素？

2. 本实验室用什么方法测定 β-胡萝卜素的含量？

实验7-3 (电势滴定法)测定果汁、果酒总酸度

【实验目的】

1. 熟悉电势滴定法测定果汁、果酒总酸度的原理和方法。
2. 掌握酸度计的使用方法。

【实验原理】

水果的果汁具有酸性，这些酸性取决于果汁中的有机酸以及酸式盐的存在数量。水果中所含有的有机酸主要是柠檬酸、苹果酸、草酸和酒石酸等。有机酸在水果中的相对含量，因其成熟程度和生长条件不同而异。例如，葡萄在未成熟期所含的酸主要是苹果酸。随着果实的成熟。苹果酸的含量减少，而酒石酸的含量却增加，最后酒石酸变成酒石酸钾。

研究果汁酸度，应区分下述两种不同的概念，即酸度和总酸度。酸度是指溶液中氢离子浓度，常用 pH 表示，可用酸度计（直接电位法）测定；总酸度是指未解离的酸浓度和已解离的酸浓度的总和。

用滴定法测定总酸度，将水果试样用水提取后，可用碱标准溶液测定其酸度，但有的果汁由于色素的影响，难以辨认滴定的终点，引起较大的终点误差。在这种情况下用电势滴定法，可减小误差。

【仪器与试剂】

仪器：酸度计，复合电极，电磁搅拌器，微量滴定管，烧杯（100mL）。

试剂：NaOH($0.05mol \cdot L^{-1}$) 标准溶液、1%酚酞指示剂、新鲜水果（或葡萄酒）。

【实验内容】

1. 水果样品溶液的制备

剔除新鲜水果试样的非可食部分，从可食部分称取 250g（精确至 0.01g），加入等量水，捣碎 1~2min（每 2g 匀浆折算为 1g 试样）。称取匀浆 50~100g（精确至 0.1g），用 50mL 蒸馏水洗入 250mL 容量瓶中，在 75~80℃ 水浴上加热 30min，其间摇动数次。取出冷却，加水至刻度，摇匀过滤，备用。

2. 电势滴定步骤

取上述滤液 50mL，放入 100mL 烧杯中，置于电磁搅拌器上。将玻璃电极和甘汞电极（或复合电极）插入烧杯中，测量 pH 后，开启电磁搅拌器，滴加 NaOH 标准溶液，每滴加一次 NaOH 标准溶液，等待 1min 左右 pH 稳定后，读取 pH。滴定开始时，每次加入 0.5~1mL NaOH 标准溶液，搅拌，测量。在化学计量点前后，每滴入 0.1~0.2mL NaOH 标准溶液就应读取一次 pH，直至超过化学计量点后 2~3mL，即停止滴定。

根据测量所得的 pH 与 NaOH 标准溶液的加入量（V），绘制 pH-V 曲线，用三切线法（或 45°角法）确定化学计量点，求出化学计量点所对应的 NaOH 标准溶液的体积，然后按下式计算苹果梨中总酸度的质量分数。

计算公式：

$$苹果梨总酸度(\%) = \frac{c(NaOH)V(NaOH) \times 0.067}{m_{样}} \times \frac{250.0}{50.0} \times 100\%$$

式中，$m_{样}$ 为试样质量，g；0.067 为换算系数。

注意事项

实验结束，必须把电极浸泡在 $3mol \cdot L^{-1}$ KCl 溶液中。

【数据记录与处理】

1. pH-V 曲线的绘制

$V(NaOH)/mL$										
pH										

2. 总酸度的测定

记录项目	测定及计算结果
m(试样)/ g	
c(NaOH)/mol·L^{-1}	
V(NaOH,化学计量点)/ mL	
总酸度 / %	

【思考题】

1. 电势滴定法与一般滴定法有何异同？
2. 为什么电势滴定时，在化学计量点前后增加测定次数？

实验7-4 碳酸钠制备及其含量分析

【实验目的】

1. 了解联合制碱法的反应原理。
2. 学会利用各种盐溶解度的差异并通过水溶液中离子反应来制备一种盐的方法。
3. 掌握双指示剂法测定混合碱的原理。
4. 熟练使用滴定分析常用仪器。

【实验原理】

1. 碳酸钠制备的原理

以 NaCl 和 NH_4HCO_3 为原料制取 Na_2CO_3 的两个化学反应为：

$$NaCl + NH_4HCO_3 \longrightarrow NaHCO_3 + NH_4Cl$$

$$2NaHCO_3 \longrightarrow Na_2CO_3 + CO_2 \uparrow + H_2O$$

第一个反应是水溶液中离子相互反应，反应后溶液中存在着 NaCl、NH_4HCO_3、NH_4Cl、$NaHCO_3$ 4 种盐。这些盐的溶解度虽然会相互发生影响，但比较各自在不同温度下的溶解度（见表 7-1），也可以找到分离这些盐的最佳条件。

表 7-1　不同温度下几种盐的溶解度　　（单位为 g·100g H₂O⁻¹）

盐 ＼ 温度/℃	0	10	20	30
NaCl	35.7	35.8	36	36.3
NaHCO₃	6.9	8.15	9.6	11.1
NH₄Cl	29.7	33.3	37.2	41.4
NH₄HCO₃	11.9	15.8	21	27

温度超过 35℃ 时，NH_4HCO_3 开始分解。从表 7-1 可以看出，温度低影响了 NH_4HCO_3 的溶解度，故温度应控制在 35℃ 左右，此时 $NaHCO_3$ 的溶解度也很低。因此将研细的固体 NH_4HCO_3 溶于浓 NaCl 溶液，充分搅拌后就可析出 $NaHCO_3$ 晶体。经过滤、洗涤和干燥即可得到 $NaHCO_3$ 晶体。

加热 $NaHCO_3$，其分解产物就是 Na_2CO_3。

2. 制备的碳酸钠中碳酸钠含量测定的原理

按上述方法制备的 Na_2CO_3 中含有少量的 $NaHCO_3$。$NaCO_3$ 为二元碱，分两步滴定，其滴定反应为：

$$Na_2CO_3 + HCl = NaHCO_3 + NaCl \quad 第一步$$
$$NaHCO_3 + HCl = H_2CO_3 + NaCl \quad 第二步$$
$$\downarrow$$
$$CO_2 + H_2O$$

第一步滴定产物为 $NaHCO_3$，其水溶液的 pH 为 8.3，选酚酞作指示剂。第二步滴定产物为 H_2CO_3，其溶液的 pH 为 3.9，选甲基橙作指示剂。原先的 $NaHCO_3$ 在第一步滴定中不起反应，第二步滴定中两者都起反应。根据前后两步滴定所消耗 HCl 的体积，即可算出 Na_2CO_3、$NaHCO_3$ 的含量以及总碱度。

【仪器与试剂】

仪器：滴定管（50mL）、容量瓶（250mL）、移液管（25mL）、锥形瓶（250mL）、烧杯（100mL）、量筒（50mL）、洗瓶、胶头滴管、玻璃棒、洗耳球、布氏漏斗、吸滤瓶、真空泵、蒸发皿、水浴锅、分析天平。

试剂：HCl（6mol·L⁻¹）、NaOH（3mol·L⁻¹）、Na_2CO_3（3mol·L⁻¹）、NH_4HCO_3（固）、粗食盐（固）、pH 试纸、酚酞指示剂、甲基橙指示剂。

【实验内容】

1. 碳酸钠的制备

（1）转化　100mL 烧杯中加入 5g NaCl 和 30mL H₂O，在水浴中加热（30～35℃）。在不断搅拌下分 4～5 次加 8g NH_4HCO_3，搅拌 30min，然后，静置，抽滤，得 $NaHCO_3$ 晶体，用少量水洗涤 2 次，再抽干，称量。

（2）制纯碱　将抽干的 $NaHCO_3$ 放入蒸发皿中，在酒精灯上灼烧 1h，冷却到室温，称量。

2. 碳酸钠含量的测定

（1）样品溶液的配制　准确称取样品约 1g，放入 100mL 烧杯中，加水溶解。然后转移到 250mL 容量瓶中定容，摇匀，备用。

（2）滴定　用移液管吸取 25.00mL 样品溶液于锥形瓶中，加酚酞指示剂 1～2 滴，用

HCl 标准溶液滴定至酚酞终点，消耗 HCl 的体积为 V_1，再加入甲基橙指示剂 2 滴，用 HCl 标准溶液继续滴定至甲基橙终点，消耗 HCl 的体积为 V_2，平行测定 3 次，按下述公式计算 Na_2CO_3、$NaHCO_3$ 的质量分数及总碱度。

计算公式：

$$w(Na_2CO_3) = \frac{c(HCl)V_1M(Na_2CO_3)}{m \times 1000} \times \frac{250.0}{25.00}$$

$$w(NaHCO_3) = \frac{c(HCl)(V_2 - V_1)M(NaHCO_3)}{m \times 1000} \times \frac{250.0}{25.00}$$

$$w_总 = \frac{c(HCl)(V_2 + V_1)M\left(\frac{1}{2}Na_2CO_3\right)}{m \times 1000} \times \frac{250.0}{25.00}$$

$$\left[M\left(\frac{1}{2}Na_2CO_3\right) = 53.00\,g \cdot mol^{-1},\ M(NaHCO_3) = 84.01\,g \cdot mol^{-1}\right]$$

【数据记录与处理】

1. 碳酸钠的产率

记录项目	测定或计算结果
$m(NaCl)/g$	
$m(NH_4HCO_3)/g$	
$m(NaHCO_3)/g$	
$m(Na_2CO_3)/g$	
Na_2CO_3 理论产量/g	
Na_2CO_3 产率/%	

2. 碳酸钠含量的测定

记录项目 \ 序号		I	II	III
$m(Na_2CO_3)/g$				
$c(HCl)/mol \cdot L^{-1}$				
HCl 初读数/mL				
HCl 终读数/mL				
$V_1(HCl)/mL$				
HCl 初读数/mL				
HCl 初读数/mL				
$V_2(HCl)/mL$				
$w(Na_2CO_3)$	测定值			
	平均值			
$w(NaHCO_3)$	测定值			
	平均值			
$w(总碱度)$	测定值			
	平均值			
相对平均偏差(总碱度)/%				

【思考题】

1. 从 NaCl、NH_4HCO_3、$NaHCO_3$、NH_4Cl 4 种盐在不同温度下的溶解度考虑，为什么可用 NaCl 和 NH_4HCO_3 制取 $NaHCO_3$？

2. 在制取 $NaHCO_3$ 时，为何温度不能低于 30℃？

实验7-5 硫酸亚铁铵的制备及纯度分析

【实验目的】

1. 了解复盐的一般制备方法和特性。
2. 掌握无机制备的基本操作。
3. 学习产品纯度的检验方法。

【实验原理】

硫酸亚铁铵 $[(NH_4)_2SO_4 \cdot FeSO_4 \cdot 6H_2O]$，又称莫尔（Mohr）盐，它是透明、淡绿色单斜晶体，比一般亚铁盐稳定，在空气中不易被氧化，因而在定量分析中常用莫尔盐来配制 Fe^{2+} 的标准溶液。

铁屑溶于稀硫酸中可制得硫酸亚铁，反应式为

$$Fe + H_2SO_4 \Longrightarrow FeSO_4 + H_2 \uparrow$$

然后由新制备的硫酸亚铁与硫酸铵等物质的量反应即得到莫尔盐，反应如下

$$FeSO_4 + (NH_4)_2SO_4 + 6H_2O \Longrightarrow (NH_4)_2SO_4 \cdot FeSO_4 \cdot 6H_2O$$

与其他复盐一样，$(NH_4)_2SO_4 \cdot FeSO_4 \cdot 6H_2O$ 在水中的溶解度比组成它的每一组分 $[FeSO_4$ 或 $(NH_4)_2SO_4]$ 的溶解度都要小。因此，将 $FeSO_4$ 与 $(NH_4)_2SO_4$ 的浓溶液混合后即得到硫酸亚铁铵晶体。

由于硫酸亚铁在中性溶液中能被溶于水中的少量氧气所氧化，并进一步发生水解，甚至出现棕黄色的碱性硫酸铁（氢氧化铁）沉淀，所以制备过程中溶液应保持足够的酸度。该反应为

$$4FeSO_4 + O_2 + 2H_2O \longrightarrow 4Fe(OH)SO_4$$

所得硫酸亚铁铵晶体的纯度可通过测定 Fe^{2+} 的含量来确定。Fe^{2+} 的含量可采用分光光度法或高锰酸钾法测定。反应如下

$$5Fe^{2+} + MnO_4^- + 8H^+ \Longrightarrow 5Fe^{3+} + Mn^{2+} + 4H_2O$$

【仪器与试剂】

仪器：分光光度计、分析天平、锥形瓶、烧杯、量筒、蒸发皿、表面皿、吸滤瓶、布氏漏斗、酒精灯、减压抽滤装置、恒温水浴锅、微量滴定管、容量瓶（25mL）、微量吸量管。

试剂：铁屑、浓 H_2SO_4、Na_2CO_3（10%）、$(NH_4)_2SO_4$(s)、H_3PO_4（85%）、$KMnO_4$ 标准溶液、乙醇(95%)。

【实验内容】

1. 铁屑的净化

称取 2g 铁屑于 100mL 锥形瓶中,加入 20mL 10％ Na_2CO_3 溶液,用小火缓慢加热 10min,以除去铁屑上的油污,用倾析法除去碱液,再用蒸馏水将铁屑洗净。如果是纯净的铁屑,可省略这一步。

2. 硫酸亚铁的制备

向上述锥形瓶中加入 20mL 3mol·L^{-1} H_2SO_4 (自己配制),在水浴上加热(最好在通风橱中进行)至不再有气泡冒出,趁热减压过滤,用少量热水洗涤锥形瓶及漏斗上的残渣,抽干,及时将滤液转入蒸发皿中。收集铁屑残渣,用水洗净,用碎滤纸吸干后称量,计算已反应的铁屑的质量。

3. 硫酸亚铁铵的制备

根据已反应的铁屑的物质的量,按反应方程式计算并称取所需 $(NH_4)_2SO_4$ 固体的量,将其配成饱和溶液后加入上述 $FeSO_4$ 溶液中。在水浴上蒸发浓缩至表面出现晶膜为止。放置,让其冷却结晶。减压过滤除去母液,再用少量 95％ 酒精洗涤晶体,抽干,将晶体转至表面皿上,用吸水纸轻压吸干。观察晶体的颜色和形状,称量,计算产率。

4. 硫酸亚铁铵晶体的纯度分析

准确称取 0.8～1.2g 硫酸亚铁铵样品于小烧杯中,加入 10mL 水和 2mL 3mol·L^{-1} H_2SO_4 溶液,溶解后定量转入 25mL 容量瓶中定容。

移取该溶液 2.00mL 于锥形瓶中,加入 1mL 3mol·L^{-1} H_2SO_4 和 8～10 滴 85％ H_3PO_4 溶液,用 $KMnO_4$ 标准溶液滴定,至溶液呈微红色且在 30s 内不褪色即为滴定终点,记录 $KMnO_4$ 标准溶液消耗的体积。平行测定 2～3 次。

硫酸亚铁铵晶体的纯度按下式计算。

$$w = \frac{c\left(\frac{1}{5}KMnO_4\right) V\left(\frac{1}{5}KMnO_4\right) M[(NH_4)_2SO_4 \cdot FeSO_4 \cdot 6H_2O] \times 10^{-3}}{m(s) \times \frac{2.00}{25.00}}$$

【数据记录与处理】

1. 硫酸亚铁铵的产率

记录项目	测定或计算结果
m(反应前铁屑)/g	
m(反应后铁屑)/g	
m(参与反应的铁屑)/g	
m(硫酸铵)/g	
m(硫酸亚铁铵)/g	
硫酸亚铁铵理论产量/g	
硫酸亚铁铵产率/％	

2. 硫酸亚铁铵含量的测定

序号 记录项目		I	II	III
m（硫酸亚铁铵）/ g				
KMnO₄ 初读数 / mL				
KMnO₄ 终读数 / mL				
V（KMnO₄）/ mL				
w（硫酸亚铁铵）	测定值			
	平均值			
相对平均偏差 / ％				

实验7-6 天然酸碱指示剂和合成酸碱指示剂的比较

【实验目的】

1. 了解生活周围能做酸碱指示剂的植物色素。

2. 巩固酸碱指示剂、滴定、变色范围、变色点等概念。

3. 分析、探讨植物色素能做酸碱指示剂的原因，并把用于酸碱滴定结果跟酚酞、甲基橙等指示剂进行比较。

【实验要求】

1. 自己配制实验中所用酸碱溶液。

2. 设计判断植物色素能否做酸碱指示剂的方案。

3. 方案设计完成，可与指导老师讨论之后再行实施。

4. 自行完成实验报告，并认真总结。实验结果以论文的形式提交。格式如下：前言、实验目的、实验原理、实验试剂、仪器和原料、实验过程、结果与讨论、结论。

【实验原理】

酸碱指示剂是指一定 pH 范围内变色的指示剂，本身是弱的有机酸或有机碱，其共轭酸碱对具有不同的结构，且颜色不同。当溶液的 pH 改变时，共轭酸碱对发生相互转化，从而引起溶液的颜色变化。

一些植物色素中有庞大的共轭体系或共轭双键结构，在酸或碱溶液中的作用下发生共轭结构的改变而变色。

【仪器与试剂】

仪器：酸度计、台秤、研钵、锥形瓶、滤纸、漏斗、胶塞、试管、滴管、量筒（5mL、500mL）、烧杯、滴定管、移液管、细口瓶。

试剂：酒精、酚酞指示剂、甲基橙指示剂、10mol·L⁻¹ NaOH 溶液、浓 HCl、冰醋酸、浓 NH₃。

【实验内容】

1. 天然指示剂和酸碱指示剂的制备

（1）天然指示剂的制备及其酸度的测定　用台秤称取 5g 所选植物，将其剪碎放入研钵中研磨（放入少许石英砂），然后将其装入锥形瓶中，再向锥形瓶中加入 15mL 无水乙醇，摇匀。静置 10min 后过滤到锥形瓶中，用胶塞塞紧，待用。

（2）酸碱标准溶液的配制

① 用 $10mol \cdot L^{-1}$ NaOH 溶液、浓 HCl、冰醋酸、浓 $NH_3 \cdot H_2O$ 分别配制 $0.5mol \cdot L^{-1}$ NaOH、$0.5mol \cdot L^{-1}$ HCl、$0.5mol \cdot L^{-1}$ HAc、$0.5mol \cdot L^{-1}$ $NH_3 \cdot H_2O$。

② 制备 200mL $0.1mol \cdot L^{-1}$ NaOH 和 200mL $0.1mol \cdot L^{-1}$ HCl。

（3）溶液的配制（在试管里各配制 5mL）

pH	H_2O	$0.5mol \cdot L^{-1}$ HCl	$0.5mol \cdot L^{-1}$ HAc	$0.5mol \cdot L^{-1}$ NH_3	$0.5mol \cdot L^{-1}$ NaOH
1	4.0	1.0			
2	4.9	0.1			
3	4.4		0.6		
4			4.3		0.7
5			3.0		2.0
6			2.6		2.4
7			2.5	2.5	
8		2.4		2.6	
9		2.0		3.0	
10		0.7		4.3	
11	4.4			0.6	
12	4.9				0.1
13	4.0				1.0

2. 天然酸碱指示剂变色范围的确定

分别向 13 支试管中加入 2.5mL pH 1~13 的酸碱溶液，再向试管中加入 10 滴制备的天然指示剂，摇匀，静置。观察溶液的变色现象。

3. 天然指示剂与合成指示剂的比较滴定

用移液管移取 25.00mL $0.1mol \cdot L^{-1}$ HCl 溶液于 250mL 锥形瓶中，加酚酞指示剂 1~2 滴，用 $0.1mol \cdot L^{-1}$ NaOH 溶液滴定至微粉色（30s 不褪色）即为终点。记录消耗 NaOH 溶液的体积。平行测定三次，计算三次平行测定结果的相对平均偏差。在相同条件下以天然指示剂代替酚酞，进行滴定，比较其结果。

【数据记录与处理】

1. 天然指示剂的变色范围

pH	1	2	3	4	5	6	7	8	9	10	11	12	13
颜色													
变色范围													

2. 0.1mol·L^{-1} HCl 溶液滴定 0.1mol·L^{-1} NaOH 溶液（酚酞指示剂）

记录项目 序号	I	II	III
V(HCl)/mL			
NaOH 初读数/mL			
NaOH 终读数/mL			
V(NaOH)/mL			
相对平均偏差/%			

3. 0.1mol·L^{-1} HCl 溶液滴定 0.1mol·L^{-1} NaOH 溶液（酚酞指示剂）

记录项目 序号	I	II	III
V(HCl)/mL			
NaOH 初读数/mL			
NaOH 终读数/mL			
V(NaOH)/mL			
相对平均偏差/%			

第8章 设计性实验

实验8-1 硝酸钾的制备

【实验目的】

1. 学习用转化法制备硝酸钾。

2. 熟悉溶解、减压过滤、蒸发、浓缩、重结晶等基本操作。

【实验原理】

可采用转化法由 $NaNO_3$ 和 KCl 来制备硝酸钾，其反应如下：

$$NaNO_3 + KCl \Longrightarrow NaCl + KNO_3$$

该反应是可逆的，因此可以改变反应条件使反应向右进行。

表 8-1 KNO_3、KCl、$NaNO_3$、NaCl 在不同温度下的溶解度 (g/100g 水)

盐＼温度/℃	0	10	20	30	40	60	80	100
KNO_3	13.3	20.9	31.6	45.8	63.9	110	169	246
KCl	27.6	31.0	34.0	37.0	40.0	45.5	51.1	56.7
$NaNO_3$	73.0	80.0	88.0	96.0	104	124	148	180
NaCl	35.7	35.8	36.0	36.3	36.6	37.3	38.4	39.8

由表 8-1 中数据可见，NaCl 溶解度随温度变化不大，而 KNO_3 的溶解度随温度的升高却迅速增大。因此，只要把含有 $NaNO_3$ 和 KCl 的混合溶液加热，在高温下由于 NaCl 的溶解度小，趁热将其滤去，滤液冷却即可析出大量的 KNO_3 晶体。用重结晶法提纯，便可得到纯净的 KNO_3 晶体。

【设计提示】

1. 制备　称取 5g 硝酸钠和 4.4g 氯化钾固体，倒入烧杯中，加入蒸馏水（加多少水？），使其溶解，浓缩至一定体积（浓缩至什么程度？），趁热快速过滤（采取什么方法？），冷却，得到粗产品。

2. 重结晶　将粗产品溶于蒸馏水中（加多少水？），溶解后待溶液冷却，得到精产品，称量，计算产率。

3. 纯度检验。

【设计要求】

1. 写出实验所需仪器和试剂。

2. 参考表 8-1，根据实验设计提示，写出完整的设计报告（包括具体的制备步骤和纯度检验步骤）和实验流程图。

3. 实验前书写设计报告经教师审阅许可后，方可实施。

【实验要求】

1. 按实验设计方案制备 KNO_3，检查其纯度并计算产率。

2. 写出完整的实验报告。

【思考题】

1. 结合本实验说明何为结晶和重结晶？

2. 实验成败的关键在何处，应采取哪些措施才能使实验成功？

实验8-2 天然手工皂的制作

【实验目的】

1. 了解天然手工皂的性能、特点和用途。

2. 熟悉手工皂配方中各种原料的作用。

3. 掌握天然手工皂的制作技巧。

【实验原理】

高级脂肪酸钠，俗称为皂，它是以猪油、牛油、羊油、椰子油、蓖麻油等油脂为原料，与氢氧化钠溶液发生皂化反应而制备的，其反应式如下：

$$\begin{matrix} CH_2OOCR^1 & & CH_2OH \\ | & & | \\ CHOOCR^2 + 3NaOH \longrightarrow & CHOH + R^1COONa + R^2COONa + R^3COONa \\ | & & | \\ CH_2OOCR^3 & & CH_2OH \end{matrix}$$

反应中产生的甘油是天然亲肤的保湿剂，属于护肤品的基础成分之一。手工皂中含有约 1/4 的甘油，洗后肌肤不会感觉紧绷、干涩。

每种油脂都有一个 INS 值，主要是用来计算手工皂完成后的硬度，INS 值越低，成皂就越软；INS 值越高，成皂就越硬。然而，过软或过硬的皂都不好用，一般 INS 值控制在 120～160 是比较合适的硬度。

【设计提示】

1. 如选非单一油脂制作手工皂，应根据要制作的皂的 INS 值，确定油脂的比例。

2. 根据油的皂化值，计算所需的氢氧化钠的量。

3. 氢氧化钠溶液的浓度以 30～34％为宜。

【设计要求】

1. 写出实验所需仪器和试剂。

2. 选玉米油、棕榈油、椰子油为原料制作手工皂，三种油的总量定为30g。

3. 皂的颜色由自己提取得到的天然色素来调节。

4. 写出完整的设计报告（包括具体的实验步骤）和实验流程图。

5. 实验前书写设计报告经教师审阅许可后，方可实施。

【实验要求】

1. 按实验设计方案，制作手工皂，并评价自己的产品。

2. 写出完整的实验报告。

实验8-3 "胃舒平"药片中铝、镁含量的测定

【实验目的】

1. 了解成品药剂中组分含量测定的预处理方法。

2. 掌握配位滴定分析方法。

3. 熟悉常见标准溶液的配制和标定方法。

4. 增强学生的综合研究能力和素质。

【实验原理】

"胃舒平"药片为胃病患者常用的口服药，其主要成分为氢氧化铝、三硅酸镁。氢氧化铝和三硅酸镁（一般为组成不定的含水硅酸镁 $Mg_2Si_3O_8 \cdot 2H_2O$）能中和胃酸，作用时生成的 $AlCl_3$ 还具有收敛和局部止血作用，胶状水合二氧化硅可覆盖在消化道黏膜上起到保护和吸附游离酸的作用。

因铝和镁都可以和 EDTA 生成稳定的配合物，因此药片中铝和镁的含量可用 EDTA 配位滴定法测定。一般所说的配位滴定法就是指 EDTA 滴定法，配位滴定法包括直接滴定法、返滴定法、置换滴定法和间接滴定法，其中较常用的是前两种。

直接滴定法是用 EDTA 标准溶液直接滴定待测离子，特点是简便、迅速、误差小。但对于下列几种情况则不能用直接滴定法，应采用返滴定法：缺少合适的指示剂；待测离子与 EDTA 的反应速率慢，易水解或对指示剂有封闭作用。

返滴定法是先加入过量的 EDTA 溶液，待测离子完全配位后，剩余的 EDTA 再用其他金属离子标准溶液滴定。

【设计提示】

1. 测定铝、镁含量可考虑配位滴定法。

2. 由于铝离子与 EDTA 配位速率缓慢，故测定铝时可考虑配位滴定法中的返滴定法。

3. 由于铝离子会干扰镁离子的测定，故测定镁离子时应设法除去铝离子或加入适量的掩蔽剂而消除铝离子的干扰。

4. 由于配位滴定中所用的指示剂一般都具有一定的 pH 范围，故在测定时，应加入适当且适量的缓冲溶液控制溶液的 pH。

【设计要求】

1. 写出实验所需仪器和试剂。

2. 铝离子测定采用返滴定法，镁离子测定采用直接滴定法。

3. 写出完整的设计报告和实验流程图。设计报告应包括以下内容及其具体的实验步骤：

(1) 本实验用 $0.01mol \cdot L^{-1}$ EDTA 和 $0.01mol \cdot L^{-1}$ $CuSO_4$ 标准溶液，写出其配制方法；

(2) 调节酸度时，一定用无机及分析化学中学过的缓冲溶液；

(3) 指示剂选用铬黑 T 和 PAN（写清楚颜色变化）；

(4) 写出 Al_2O_3、MgO 含量（质量分数）计算公式。

4. 实验前书写设计报告经教师审阅许可后，方可实施。

【实验要求】

1. 按实验设计方案，测定"胃舒平"药片中铝、镁含量。

2. 写出完整的实验报告（用表格表示实验数据与处理结果）。

实验8-4 丹皮酚的提取、分离和鉴定 ▶▶

【实验目的】

1. 掌握药材中挥发性成分的一般提取及分离方法。

2. 掌握从牡丹皮中提取丹皮酚的原理、鉴定及方法。

【实验原理】

丹皮酚（2-羟甲基-4-甲氧基苯乙酮）为具有芳香气味的白色针状结晶，存在于牡丹的根皮或徐长卿的全草中。丹皮酚具有镇痛、镇静、抗菌作用，临床上用于治疗风湿病、牙痛、胃痛、皮肤病及慢性支气管炎、哮喘等症。

丹皮酚

丹皮酚具有挥发性，难溶于水，易溶于乙醇、乙醚、氯仿等有机溶剂，丹皮酚的提取方法可采用水蒸气蒸馏法、热溶剂浸提法、超临界 CO_2 萃取法等，其中前两种方法更常用。

【设计提示】

1. 选择水蒸气蒸馏法或热溶剂浸提法提取丹皮酚。

2. 选定提取方法前提下，进一步考虑提取优化工艺条件。

【设计要求】

1. 写出实验所需仪器和试剂。

2. 写出完整的设计报告和实验流程图。设计报告应包括以下内容及其具体的实验步骤。

① 从牡丹皮中提取丹皮酚的方法。

② 牡丹皮粗品的重结晶方法及其依据。

③ 牡丹皮精品的鉴定方法及其依据。

3. 实验前书写设计报告经教师审阅许可后，方可实施。

【实验要求】

1. 按设计方案从牡丹皮中提取、分离丹皮酚，并进行鉴定。

2. 写出完整的实验报告。

【思考题】

1. 为了确定最佳提取工艺条件，可以采用哪些方法？

2. 结合丹皮酚的结构，说明丹皮酚为什么具有挥发性？

附　录

附录1　T6新世纪紫外-可见分光光度计快速操作指南

1. 开机自检：依次打开打印机、仪器主机电源，仪器开始初始化；约3min初始化完成。初始化完成后，仪器进入主菜单界面。

2. 进入光度测量状态，按ENTER键，进入光度测量界面。

3. 进入测量界面：按START/STOP键进入样品测定界面。

4. 设置测量波长：按GOTO λ键，输入测量的波长，再按ENTER键确认，仪器将自动调整波长。

5. 样品测量：按RETURN键返回到参数设定界面，再按RETURN键返回到光度测量界面。在1号池内放入空白溶液，其他池内放入待测样品。关好样品池盖后按ZERO键进行空白校正，再按START/STOP键进行样品测量。

如果需要测量下一批样品，去除比色皿，更换为下一批测量的样品，按START/STOP键即可读数。

如果需要更换波长，可以直接按GOTO λ键，调整波长。注意：更换波长后必须重新按ZERO键进行空白校正。

6. 结束测量：测量完成后按PRINT键打印数据，如果没有打印机请记录数据。退出程序或关闭仪器后测量数据将消失。确保取出样品池中所有比色皿清洗干净，以便下一次使用。按RETURN键直接返回到仪器主菜单界面后再关闭仪器电源。

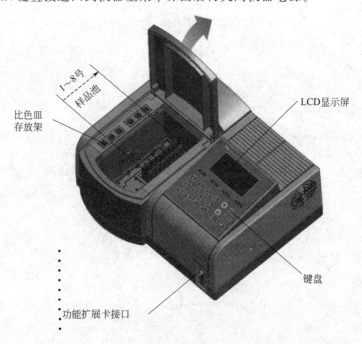

附录2 pH400基础型酸度计简明操作指南

一、准备

1. 将电源适配器插头插入仪器的"DC9V"插座中并插紧。
2. 安装电极架。
3. 连接pH复合电极。
4. 准备好标准缓冲溶液。

二、校准

1. 按CAL键，仪器进入校准模式，LCD右下角闪烁6.86pH，提示用pH6.86标准缓冲溶液进行第一点校准。

2. 用纯水清洗电极并甩干，浸入pH6.86标准缓冲溶液中，搅动后静止放置等待读数稳定。当仪器锁定6.86pH时，LCD将显示稳定的图标，此时按ENTER键将仪器校准，校准成功后显示End图标，第一点校准结束。

3. 若进行3点校准，请依次换pH4.00、pH9.18的标准缓冲溶液重复第二步。

三、测量

将电极用纯水洗净并甩干，浸入被测溶液中，稍加搅动后静止放置，等LCD显示稳定的测量值和图标时读数，即为所测量的pH。

四、保养

1. 电极前端的保护瓶内有适量电极浸泡溶液，电极头浸泡其中，以保持玻璃球泡和液接界面的活化。

2. 电极应避免长期浸泡在纯水、蛋白质溶液和酸性氟化物溶液中，并防止与有机油脂接触。

3. 电极敏感玻璃球泡老化时，将电极用$0.1mol \cdot L^{-1}$盐酸溶液浸泡24h，用纯水洗净，再用电极浸泡液（$3mol \cdot L^{-1}$ KCl溶液）浸泡。

附录3　常用有机溶剂的纯化

1. 甲醇 (CH$_3$OH)

b. p. 64.9℃, d_4^{20} 0.7914, n_D^{20} 1.3288。

市售甲醇一般含水量不超过 0.5%。由于甲醇和水不能形成共沸混合物，所以通过高效的精馏柱可将少量水除去。精制甲醇含有 0.02% 的丙酮和 0.1% 的水，如要制得无水甲醇，再用金属镁除去微量水。

2. 乙醇 (CH$_3$CH$_2$OH)

b. p. 78.5℃, d_4^{20} 0.7893, n_D^{20} 1.3611。

含量为 95.5% 的乙醇和水能形成共沸物，不能用一般分馏法除去水分。初步脱水常以生石灰为脱水剂，使水与生石灰作用生成氢氧化钙，然后将乙醇蒸出，这样得到的乙醇纯度可达 99.5%，通常称为无水乙醇。如要得到纯度更高的无水乙醇，可用金属镁或金属钠进行处理。

$$Mg + 2C_2H_5OH \longrightarrow (C_2H_5O)_2Mg + H_2$$
$$(C_2H_5O)_2Mg + H_2O \longrightarrow 2C_2H_5OH + MgO$$

或
$$2Na + 2C_2H_5OH \longrightarrow 2C_2H_5ONa + H_2$$
$$C_2H_5ONa + H_2O \longrightarrow C_2H_5OH + NaOH$$

3. 乙醚 (C$_2$H$_5$OC$_2$H$_5$)

b. p. 34.6℃, d_4^{20} 0.7138, n_D^{20} 1.3526。

普通乙醚中常含有少量水、乙醇及过氧化物。在制备无水乙醚时首先检验有无过氧化物存在，为此取少量乙醚与等体积的 2% 碘化钾溶液和 1~2 滴淀粉溶液一起振荡，再加入几滴稀盐酸酸化后溶液变蓝，证明有过氧化物存在。过氧化物用硫酸亚铁溶液去除，在分液漏斗中加入乙醚和相当于 1/5 乙醚体积的新配制的硫酸亚铁溶液，剧烈摇动后分去水层，醚层在干燥瓶中用无水氯化钙干燥数天，放置时进行间断摇动，然后将其蒸馏，收集 34~35℃ 馏分。将蒸出的乙醚放入干燥的磨口试剂瓶中，加入金属钠丝干燥。如果乙醚干燥不够，加入钠丝时立即产生大量气泡。遇到此种情况，暂时先用装有氯化钙的干燥管干燥，用软木塞塞住，放置 24h 后，过滤到另一干燥试剂瓶中，再加入钠丝，至不产生气泡，钠丝表面保持光泽，即可盖好磨口玻璃塞备用。

4. 丙酮 (CH$_3$COCH$_3$)

b. p. 56.2℃, d_4^{20} 0.7899, n_D^{20} 1.3586。

普通丙酮中常含有少量水及甲醇、乙醛等还原性杂质。可采用如下方法纯化：在 100mL 丙酮中加入 0.5g 高锰酸钾加热回流，除去还原性杂质。若高锰酸钾紫色很快消失，需再加入少量高锰酸钾继续回流，直至紫色不再消失时，停止回流。蒸出丙酮，用无水碳酸钾或无水硫酸钙干燥后，过滤，蒸馏收集 55~56℃ 的馏分。

在 100mL 丙酮中加入 4mL 10% 硝酸银溶液及 3.5mL 0.1% 氢氧化钠溶液，振荡 10min，除去还原性杂质。过滤，滤液用无水硫酸钙干燥后，蒸馏收集 55~56℃ 的馏分。

5. 氯仿 (CHCl$_3$)

b. p. 61.7℃, d_4^{20} 1.4832, n_D^{20} 1.4459。

普通氯仿中含有 1% 的乙醇 (为了防止氯仿分解产生有毒的光气，作为稳定剂加进去的)，为了除去乙醇，可将氯仿用其体积一半的水在分液漏斗中振荡数次，然后分出下层氯仿，用无水氯化钙干燥数小时后蒸馏。除去乙醇的无水氯仿应保存在棕色瓶中，放置暗处，以免分解产生光气。

6. 苯（C_6H_6）

b. p. 80.1℃，d_4^{20} 0.8786，n_D^{20} 1.5011。

普通苯可能含有少量噻吩，除去噻吩，可将苯与相当于苯体积 15% 的浓硫酸在分液漏斗中振荡数次，弃去底层酸液，直到酸层呈无色或淡黄色，然后依次用水、10% 碳酸钠溶液、水洗涤，用无水氯化钙干燥后蒸馏，收集 80～81℃ 馏分。

7. 乙酸乙酯（$CH_3COOC_2H_5$）

b. p. 77.06℃，d_4^{20} 0.9003，n_D^{20} 1.3723。

普通乙酸乙酯含量为 95%～98%，含有少量水、乙醇及醋酸。纯化方法：于 1000mL 乙酸乙酯中加 100mL 醋酸酐、10 滴浓硫酸，加热回流 4h，以除去水和乙醇。然后进行分馏，分馏液用 20～30g 无水碳酸钾振荡，过滤后，再蒸馏。收集产物沸点为 77℃，纯度达 99.7%。

8. 吡啶

b. p. 115.5℃，d_4^{20} 0.9819，n_D^{20} 1.5095。

分析纯的吡啶含有少量水分，可供一般使用。如要制得无水吡啶，可与粒状氢氧化钾或氢氧化钠一同回流，然后在隔绝潮气下蒸出备用。无水吡啶吸水性很强，保存时应将容器口用石蜡封好。

9. 石油醚

石油醚是低分子量的烃类（主要是戊烷和己烷）混合物。其沸程为 30～150℃，收集的温度区间一般为 30℃ 左右，有沸程为 30～60℃、60～90℃ 和 90～120℃ 等规格的石油醚。石油醚中含有少量不饱和烃，沸点与烷烃相近，不能用蒸馏法分离，可用浓硫酸和高锰酸钾把它除去。通常在分液漏斗中将石油醚用其体积的 1/10 的浓硫酸振摇 2～3 次，除去大部分不饱和烃。然后用在 10% 硫酸中加入高锰酸钾配成的饱和溶液洗涤，直至水层中紫色不再消失为止。再用水洗涤，经无水氯化钙干燥后蒸馏。

附录 4　实验室常用试剂的配制

试剂	浓度	配制方法
$(NH_4)_2CO_3$	1mol·L^{-1}	溶解 95g 研细的 $(NH_4)_2CO_3$ 于 1L 2mol·L^{-1} NH$_3$·H$_2$O 中
$(NH_4)_2SO_4$	饱和	溶解 50g $(NH_4)_2SO_4$ 于 100mL 热水中，冷却后过滤
FeSO$_4$	0.5mol·L^{-1}	溶解 69.5g FeSO$_4$·7H$_2$O 于适量水中，加入 5mL 18mol·L^{-1} H$_2$SO$_4$，再用水稀释至 1L，置入小铁钉数枚
FeCl$_3$	0.5mol·L^{-1}	称取 135.2g FeCl$_3$·6H$_2$O，溶于 100mL 6mol·L^{-1} HCl 中，加水稀释至 1L
CrCl$_3$	0.5mol·L^{-1}	称取 26.7g CrCl$_3$·6H$_2$O，溶于 30mL 6mol·L^{-1} HCl 中，加水稀释至 1L
KI	10%	溶解 100g KI 于 1L 水中，贮于棕色瓶中
KNO$_3$	1%	溶解 10g KNO$_3$ 于 1L 水中
醋酸铀酰锌		(1) 10g UO$_2$(Ac)$_2$·2H$_2$O 和 6mL 6mol·L^{-1} HAc 溶于 50mL 水中 (2) 30g Zn(Ac)$_2$·2H$_2$O 和 3mL 6mol·L^{-1} HCl 溶于 50mL 水中 将 (1)、(2) 两种溶液混合，24h 后取清液使用

试剂	浓度	配制方法
$Na_3[CO(NO_2)_6]$		溶解 230g $NaNO_2$ 于 500mL 水中，加入 165mL 6mol·L^{-1} HAc 和 30g Co$(NO_3)_2$·$6H_2O$，放置 24h，取其清液，稀释至 1L，并保存在棕色瓶中。此溶液应呈橙色，若变成红色，表示已分解，应重新配制
Na_2S	2mol·L^{-1}	溶解 240g Na_2S·$9H_2O$ 和 40g NaOH 于水中，稀释至 1L
$(NH_4)_6Mo_7O_{24}$·$4H_2O$	0.1mol·L^{-1}	溶解 124g $(NH_4)_6Mo_7O_{24}$·$4H_2O$ 于 1L 水中，将所得溶液倒入 1L 6mol·L^{-1} HNO_3 中，放置 24h，取其澄清液
$(NH_4)_2S$	3mol·L^{-1}	取一定量 NH_3·H_2O，将其均分为两份，往其中一份通 H_2S 至饱和，而后与另一份 NH_3·H_2O 混合
$K_3[Fe(CN)_6]$		取 $K_3[Fe(CN)_6]$ 约 0.7～1g，溶解于水中，稀释至 100mL（使用前临时配制）
铬黑 T		将铬黑 T 和烘干的 NaCl 按 1：100 的比例研细，均匀混合，贮于棕色瓶中
二苯胺		将 1g 二苯胺在搅拌下溶于 100mL 密度为 1.84g·L^{-1} H_2SO_4 或 100mL 密度 1.70g·L^{-1} H_3PO_4 中（该溶液可保存较长时间）
镁试剂		溶解 0.01g 镁试剂于 1L 1mol·L^{-1} NaOH 溶液中
钙指示剂		0.2g 钙指示剂溶于 100mL 水中
铝试剂		1g 铝试剂溶于 1L 水中
Mg-NH_4^+ 试剂		将 100g $MgCl_2$·$6H_2O$ 和 100g NH_4Cl 溶于水中，加 50mL 浓 NH_3·H_2O，用 H_2O 稀释至 1L
萘氏试剂		溶解 115g HgI_2 和 80g KI 于水中，稀释至 500mL，加入 500mL 6mol·L^{-1} NaOH 溶液，静置后，取其清液，保存在棕色瓶中
格里斯试剂		（1）在加热下溶解 0.5g 对氨基苯磺酸于 50mL 30％HAc 中，贮于暗处保存 （2）将 0.4g α-萘胺与 100mL 水混合煮沸，在从蓝色渣滓中倾出的无色溶液中加入 6mL 80％HAc 使用前将（1）、（2）两液等体积混合
打萨宗		溶解 0.1g 打萨宗于 1L CCl_4 或 $CHCl_3$ 中
对氨基苯磺酸	0.34mol·L^{-1}	0.5g 对氨基苯磺酸溶于 150mL 2mol·L^{-1} HAc 溶液中
α-萘胺	0.12mol·L^{-1}	0.3g α-萘胺加入 20mL 水中，加热煮沸，在所得溶液中加入 150mL 2mol·L^{-1} IHAc
丁二酮肟		1g 丁二酮肟溶于 100mL 95％C_2H_5OH 中
盐桥	3％	用饱和 KCl 水溶液配制 3％琼脂胶加热至溶
氯水		在水中通入 Cl_2 直至饱和，该溶液使用时临时配制
溴水		在水中滴入液溴至饱和
碘液	0.01mol·L^{-1}	溶解 1.3g I_2 和 5g KI 于尽可能少量的水中，加水稀释至 1L
品红溶液		0.1％品红水溶液
淀粉溶液	1％	将 1g 淀粉和少量冷水调成糊状，倒入 100mL 沸水中，煮沸后冷却即可
斐林溶液		Ⅰ液：将 34.64g $CuSO_4$·H_2O 溶于水中，稀释至 500mL。 Ⅱ液：将 173g 酒石酸钾钠·$4H_2O$ 和 50g NaOH 溶于水中，稀释至 500mL。用时将Ⅰ和Ⅱ等体积相混合
2,4-二硝基苯肼		将 0.25g 2,4-二硝基苯肼溶于 HCl 溶液（42mL 浓 HCl 加 50mL 水），加热溶解，冷却后稀释至 250mL
米隆试剂		将 2g(0.15mL)Hg 溶于 3mL 浓 HNO_3（相对密度 1.4）中，稀释至 10mL

试剂	浓度	配制方法
苯肼试剂		(1)溶 4mL 苯肼于 4mL 冰 HAc,加水 36mL,再加入 0.5g 活性炭过滤(如无色可不脱色),装入有色瓶中,防止皮肤触及,因很毒,如触及应先用 5% HAc 冲洗后再用肥皂洗 (2)溶 5g 盐酸苯肼于 100mL 水中,必要时可微热助溶,如果溶液呈深蓝色,加活性炭共热过滤,然后加入 9g NaAc 晶体(或相应量的无水 NaAc),拌搅溶解,贮存于有色瓶中 此试剂中,苯肼盐酸与 NaAc 经复分解反应生成苯肼醋酸盐,后者是弱酸与弱碱形成的盐,在水溶液中易经水解作用,与苯肼建立平衡。如果苯肼试剂久置变质,可改将 2 份盐酸苯肼与 3 份 NaAc 晶体混合研匀后,临用时取适量混合物,溶于水中便可供用
CuCl-NH₃ 液		(1)5g CuCl 溶于 100mL 浓 NH₃·H₂O,用水稀释至 250mL。过滤,除去不溶性杂质。温热滤液,慢慢加入羟胺盐酸盐,直至蓝色消失为止 (2)1g CuCl 置于一大试管,加 1~2mL 浓 NH₃·H₂O 和 10mL 水,用力摇动后静置,倾出溶液并加入一根铜丝,贮存备用
C₆H₅OH 溶液		50g C₆H₅OH 溶于 500mL 5% NaOH 溶液中
β-萘酚溶液		50g β-萘酚溶于 500mL 5% NaOH 溶液中
蛋白质溶液		25mL 蛋清,加 100~150mL 蒸馏水,搅拌,混匀后,用 3~4 层纱布过滤
α-萘酚乙醇溶液		10g α-萘酚溶于 100mL 95% C₂H₅OH 中,再用 95% C₂H₅OH 稀释至 500mL,贮存于棕色瓶中。一般用前新配
茚三酮乙醇溶液	0.1%	0.4g 茚三酮溶于 500mL 95% C₂H₅OH 中,用时新配

附录 5 实验室常用酸、碱溶液的浓度

溶液名称	密度/g·mL⁻¹(20℃)	质量分数	物质的量浓度/mol·L⁻¹
H₂SO₄(浓)	1.84	98%	18
H₂SO₄(稀)	1.18 1.16	25% 9.1%	3 1
HNO₃(浓)	1.42	68%	16
HNO₃(稀)	1.20 1.07	32% 12%	6 2
HCl(浓)	1.19	38%	12
HCl(稀)	1.10 1.033	20% 7%	6 2
H₃PO₄	1.7	86%	15
浓高氯酸(HClO₄)	1.7~1.75	70%~72%	12
HClO₄(稀)	1.12	19%	2
冰醋酸(HAc)	1.05	99%~100%	17.5
HAc(稀)	1.02	12%	2
氢氟酸(HF)	1.13	40%	23
浓氨水(NH₃·H₂O)	0.90	27%	14
稀氨水	0.98	3.5%	2
NaOH(浓)	1.43 1.33	40% 30%	14 13

续表

溶液名称	密度/g·mL^{-1}(20℃)	质量分数	物质的量浓度/mol·L^{-1}
NaOH(稀)	1.09	8%	2
Ba(OH)$_2$(饱和)	—	2%	0.1%
Ca(OH)$_2$(饱和)	—	0.15%	

附录 6　常用有机溶剂的沸点、密度

名称	沸点/℃	密度 d_4^{20}	名称	沸点/℃	密度 d_4^{20}
甲醇	64.96	0.7914	苯	80.1	0.87865
乙醇	78.5	0.7893	甲苯	110.6	0.8669
乙醚	34.51	0.71378	二甲苯	140	
丙酮	56.2	0.7899	氯仿	61.7	0.4832
乙酸	117.9	1.0492	四氯化碳	76.54	1.5940
乙酐	139.55	1.0820	二硫化碳	46.25	1.2632
乙酸乙酯	77.06	0.9003	硝基苯	210.8	1.2037
二氧六环	101.1	1.0337	正丁醇	117.25	0.8098

附录 7　常用缓冲溶液配制方法

缓冲溶液溶液组成	pK_a	pH	配制方法
HCOOH-NaOH	3.76	3.7	取 95g HCOOH 和 40g NaOH 于 500mL 水中,溶解稀释至 1L
NH$_4$Ac-HAc		4.5	取 77g NH$_4$Ac 溶于 200mL 水中,加 59mL 冰 HAc,稀释至 1L
NaAc-HAc	4.74	4.7	取 83g 无水 NaAc 溶于水中,加 60mL 冰 HAc,稀释至 1L
NaAc-HAc	4.74	5.0	取 160g 无水 NaAc 溶于水中,加 60mL 冰 HAc,稀释至 1L
NH$_4$Ac-HAc		6.0	取 600g NH$_4$Ac 溶于水中,加 20mL 冰 HAc,稀释至 1L
Na$_2$HPO$_4$-KH$_2$PO$_4$		7.3	取磷酸氢二钠 1.9734g 与磷酸二氢钾 0.2245g,加水使溶解成 1000mL,即得
K$_2$HPO$_4$-KH$_2$PO$_4$		7.8~8.0	取磷酸氢二钾 5.59g,磷酸二氢钾 0.41g,加水溶解成 1000mL,即得
NH$_3$-NH$_4$Cl	9.26	9.2	取 54g NH$_4$Cl 溶于水中,加 126mL 浓 NH$_3$·H$_2$O,稀释至 1L
NH$_3$-NH$_4$Cl	9.26	10.0	取 54g NH$_4$Cl 溶于水中,加 350mL 浓 NH$_3$·H$_2$O,稀释至 1L

参 考 文 献

[1] 申凤善，张莲姬. 基础化学实验. 延吉：延边大学出版社，2012.

[2] 申凤善，张莲姬. 大学化学实验. 延吉：延边大学出版社，2007.

[3] 徐佳宁，门瑞芝. 基础化学实验. 北京：高等教育出版社，2006.

[4] 曲宝涵. 基础化学实验. 北京：中国农业大学出版社，2007.

[5] 郭伟强. 大学化学基础实验. 第 2 版. 北京：科学出版社，2009.

[6] 张勇. 现代化学基础实验. 第 3 版. 北京：科学出版社，2010.

[7] 张金桐，叶非. 实验化学. 北京：中国农业出版社，2004.

[8] 申凤善，范海林. 分析化学实验技术. 长春：吉林大学出版社，2004.

[9] 刘俊渤，杨桂霞. 普通化学实验. 长春：吉林大学出版社，2003.

[10] 赵建庄，高岩. 有机化学实验. 北京：高等教育出版社，2003.

[11] 王伊强，张永忠. 基础化学实验. 北京：中国农业出版社，2001.

[12] 尹荣，王艳茹. 大学化学实验. 长春：吉林人民出版社，2004.

[13] 刘约权，李贵深. 实验化学. 北京：高等教育出版社，1999.

[14] 周其镇，方国女，樊行雪. 大学基础化学实验（Ⅰ）. 北京：化学工业出版社，2000.

[15] 蔡良珍，虞大红，肖繁花，苏克曼. 大学基础化学实验（Ⅱ）. 北京：化学工业出版社，2000.

[16] 徐伟亮. 基础化学实验. 北京：科学出版社，2005.

[17] 刘汉兰，陈浩，文利柏. 基础化学实验. 北京：科学出版社，2005.

[18] 崔学桂，张晓丽. 基础化学实验（Ⅰ）. 北京：化学工业出版社，2003.

[19] 李吉海. 基础化学实验（Ⅱ）. 北京：化学工业出版社，2004.

[20] 曾昭琼. 有机化学实验. 北京：高等教育出版社，1987.

[21] 李爱勤，侯学会. 大学化学实验. 北京：中国农业大学出版社，2016.

[22] 盛显良. 有机化学实验. 北京：中国农业大学出版社，2017.

[23] 刘文娟，李群力. 北京：中国医药科技出版社，2017.

元素周期表

IUPAC 2013

氧化态(单质的氧化态为0, 未列入; 常见的为红色)

以 $^{12}C=12$ 为基准的原子量 (注 + 的是半衰期最长同位素的原子量)

图例(元素周期框说明):
95 — 原子序数
Am — 元素符号(红色的为放射性元素)
镅 — 元素名称(注 ∧ 的为人造元素)
$5f^77s^2$ — 价层电子构型
243.06138(2)+

s区元素	p区元素
d区元素	ds区元素
f区元素	稀有气体

族→ 周期↓	IA	IIA	IIIB	IVB	VB	VIB	VIIB	VIIIB(VIII)			IB	IIB	IIIA	IVA	VA	VIA	VIIA	VIIIA(0)
1	1 H 氢 $1s^1$ 1.008																	2 He 氦 $1s^2$ 4.002602(2)
2	3 Li 锂 $2s^1$ 6.94	4 Be 铍 $2s^2$ 9.0121831(5)											5 B 硼 $2s^22p^1$ 10.81	6 C 碳 $2s^22p^2$ 12.011	7 N 氮 $2s^22p^3$ 14.007	8 O 氧 $2s^22p^4$ 15.999	9 F 氟 $2s^22p^5$ 18.998403163(6)	10 Ne 氖 $2s^22p^6$ 20.1797(6)
3	11 Na 钠 $3s^1$ 22.98976928(2)	12 Mg 镁 $3s^2$ 24.305											13 Al 铝 $3s^23p^1$ 26.9815385(7)	14 Si 硅 $3s^23p^2$ 28.085	15 P 磷 $3s^23p^3$ 30.973761998(5)	16 S 硫 $3s^23p^4$ 32.06	17 Cl 氯 $3s^23p^5$ 35.45	18 Ar 氩 $3s^23p^6$ 39.948(1)
4	19 K 钾 $4s^1$ 39.0983(1)	20 Ca 钙 $4s^2$ 40.078(4)	21 Sc 钪 $3d^14s^2$ 44.955908(5)	22 Ti 钛 $3d^24s^2$ 47.867(1)	23 V 钒 $3d^34s^2$ 50.9415(1)	24 Cr 铬 $3d^54s^1$ 51.9961(6)	25 Mn 锰 $3d^54s^2$ 54.938044(3)	26 Fe 铁 $3d^64s^2$ 55.845(2)	27 Co 钴 $3d^74s^2$ 58.933194(4)	28 Ni 镍 $3d^84s^2$ 58.6934(4)	29 Cu 铜 $3d^{10}4s^1$ 63.546(3)	30 Zn 锌 $3d^{10}4s^2$ 65.38(2)	31 Ga 镓 $4s^24p^1$ 69.723(1)	32 Ge 锗 $4s^24p^2$ 72.630(8)	33 As 砷 $4s^24p^3$ 74.921595(6)	34 Se 硒 $4s^24p^4$ 78.971(8)	35 Br 溴 $4s^24p^5$ 79.904	36 Kr 氪 $4s^24p^6$ 83.798(2)
5	37 Rb 铷 $5s^1$ 85.4678(3)	38 Sr 锶 $5s^2$ 87.62(1)	39 Y 钇 $4d^15s^2$ 88.90584(2)	40 Zr 锆 $4d^25s^2$ 91.224(2)	41 Nb 铌 $4d^45s^1$ 92.90637(2)	42 Mo 钼 $4d^55s^1$ 95.95(1)	43 Tc 锝 $4d^55s^2$ 97.90721(3)+	44 Ru 钌 $4d^75s^1$ 101.07(2)	45 Rh 铑 $4d^85s^1$ 102.90550(2)	46 Pd 钯 $4d^{10}$ 106.42(1)	47 Ag 银 $4d^{10}5s^1$ 107.8682(2)	48 Cd 镉 $4d^{10}5s^2$ 112.414(4)	49 In 铟 $5s^25p^1$ 114.818(1)	50 Sn 锡 $5s^25p^2$ 118.710(7)	51 Sb 锑 $5s^25p^3$ 121.760(1)	52 Te 碲 $5s^25p^4$ 127.60(3)	53 I 碘 $5s^25p^5$ 126.90447(3)	54 Xe 氙 $5s^25p^6$ 131.293(6)
6	55 Cs 铯 $6s^1$ 132.90545196(6)	56 Ba 钡 $6s^2$ 137.327(7)	57~71 La~Lu 镧系	72 Hf 铪 $5d^26s^2$ 178.49(2)	73 Ta 钽 $5d^36s^2$ 180.94788(2)	74 W 钨 $5d^46s^2$ 183.84(1)	75 Re 铼 $5d^56s^2$ 186.207(1)	76 Os 锇 $5d^66s^2$ 190.23(3)	77 Ir 铱 $5d^76s^2$ 192.217(3)	78 Pt 铂 $5d^96s^1$ 195.084(9)	79 Au 金 $5d^{10}6s^1$ 196.966569(5)	80 Hg 汞 $5d^{10}6s^2$ 200.592(3)	81 Tl 铊 $6s^26p^1$ 204.38	82 Pb 铅 $6s^26p^2$ 207.2(1)	83 Bi 铋 $6s^26p^3$ 208.98040(1)	84 Po 钋 $6s^26p^4$ 208.98243(2)+	85 At 砹 $6s^26p^5$ 209.98715(5)+	86 Rn 氡 $6s^26p^6$ 222.01758(2)+
7	87 Fr 钫 $7s^1$ 223.01974(2)+	88 Ra 镭 $7s^2$ 226.02541(2)+	89~103 Ac~Lr 锕系	104 Rf 𬬻 $6d^27s^2$ 267.122(4)+	105 Db 𬭊 $6d^37s^2$ 270.131(4)+	106 Sg 𬭳 $6d^47s^2$ 269.129(3)+	107 Bh 𬭛 $6d^57s^2$ 270.133(2)+	108 Hs 𬭶 $6d^67s^2$ 270.134(2)+	109 Mt 鿏 $6d^77s^2$ 278.156(5)+	110 Ds 𫟼 $6d^87s^2$ 281.165(4)+	111 Rg 𬬭 281.166(6)+	112 Cn 鿔 285.177(4)+	113 Nh 鿭 286.182(5)+	114 Fl 𫓧 289.190(4)+	115 Mc 镆 289.194(6)+	116 Lv 𫟷 293.204(4)+	117 Ts 鿬 293.208(6)+	118 Og 鿫 294.214(5)+

镧系(★):

57 La 镧 $5d^16s^2$ 138.90547(7)	58 Ce 铈 $4f^15d^16s^2$ 140.116(1)	59 Pr 镨 $4f^36s^2$ 140.90766(2)	60 Nd 钕 $4f^46s^2$ 144.242(3)	61 Pm 钷 $4f^56s^2$ 144.91276(2)+	62 Sm 钐 $4f^66s^2$ 150.36(2)	63 Eu 铕 $4f^76s^2$ 151.964(1)	64 Gd 钆 $4f^75d^16s^2$ 157.25(3)	65 Tb 铽 $4f^96s^2$ 158.92535(2)	66 Dy 镝 $4f^{10}6s^2$ 162.500(1)	67 Ho 钬 $4f^{11}6s^2$ 164.93033(2)	68 Er 铒 $4f^{12}6s^2$ 167.259(3)	69 Tm 铥 $4f^{13}6s^2$ 168.93422(2)	70 Yb 镱 $4f^{14}6s^2$ 173.045(10)	71 Lu 镥 $4f^{14}5d^16s^2$ 174.9668(1)

锕系(★):

89 Ac 锕 $6d^17s^2$ 227.02775(2)+	90 Th 钍 $6d^27s^2$ 232.0377(4)	91 Pa 镤 $5f^26d^17s^2$ 231.03588(2)	92 U 铀 $5f^36d^17s^2$ 238.02891(3)	93 Np 镎 $5f^46d^17s^2$ 237.04817(2)+	94 Pu 钚 $5f^67s^2$ 244.06421(4)+	95 Am 镅 $5f^77s^2$ 243.06138(2)+	96 Cm 锔 $5f^76d^17s^2$ 247.07035(3)+	97 Bk 锫 $5f^97s^2$ 247.07031(4)+	98 Cf 锎 $5f^{10}7s^2$ 251.07959(3)+	99 Es 锿 $5f^{11}7s^2$ 252.0830(3)+	100 Fm 镄 $5f^{12}7s^2$ 257.09511(5)+	101 Md 钔 $5f^{13}7s^2$ 258.09843(3)+	102 No 锘 $5f^{14}7s^2$ 259.1010(7)+	103 Lr 铹 $5f^{14}6d^17s^2$ 262.110(2)+

电子层标注: K; L K; M L K; N M L K; O N M L K; P O N M L K; Q P O N M L K